Bibliografische Information der Deutschen Nationalbibliothek:

Die Deutsche Bibliothek verzeichnet diese Publikation in der Deutschen National-
bibliografie; detaillierte bibliografische Daten sind im Internet über http://dnb.d-
nb.de/ abrufbar.

Impressum:

Copyright © 2015 GRIN Verlag, Open Publishing GmbH
Druck und Bindung: Books on Demand GmbH, Norderstedt Germany
ISBN: 9783668224964

Dieses Buch bei GRIN:

http://www.grin.com/de/e-book/323374/toedliches-texten-smartphones-als-unfall-
ursache-im-strassenverkehr

Anonym

Tödliches Texten? Smartphones als Unfallursache im Straßenverkehr

GRIN Verlag

GRIN - Your knowledge has value

Der GRIN Verlag publiziert seit 1998 wissenschaftliche Arbeiten von Studenten, Hochschullehrern und anderen Akademikern als eBook und gedrucktes Buch. Die Verlagswebsite www.grin.com ist die ideale Plattform zur Veröffentlichung von Hausarbeiten, Abschlussarbeiten, wissenschaftlichen Aufsätzen, Dissertationen und Fachbüchern.

Inhaltsverzeichnis

Abkürzungsverzeichnis

ACC - Adaptive Cruise Control (engl. für Abstandsregeltempomat)

ACE - Auto Club Europa

ADAC - Allgemeiner Deutscher Automobil-Club

AG - Aktiengesellschaft

App - Application software (engl. für Anwendungssoftware)

ASTRA - Bundesamt für Straßen

BASt - Bundesanstalt für Straßenwesen

BMI - Bundesministerium des Innern

CES - Consumer Electronics Show (weltweit größte Fach-Messe für Unterhaltungselektronik)

CDC - Centers for Disease Control and Prevention (engl. für Zentren für Gesundheitskontrolle
und Prävention, US Gesundheitsbehörde)

DSL - Digital Subscriber Line (engl. für Digitaler Teilnehmeranschluss)

E-Books - Electronic Book (engl. für Digitales Buch)

E-Call - Emergency Call (engl. für Notrufsystem)

FAS - Fahrer-Assistenzsystem

FAZ - Frankfurter Allgemeine Zeitung

FIS - Fahrer-Informationssystem

GmbH - Gesellschaft mit beschränkter Haftung

GPS - Global Positioning System (engl. für Globales Positionsbestimmungssystem)

HMI - Human-Machine-Interface (engl. für Mensch-Maschine-Schnittstelle)

HUD - Head-up Display (engl. für Kopf-oben-Anzeige)

IAG - Institut für Arbeit und Gesundheit der Deutschen Gesetzlichen Unfallversicherung

IT - Information Technology (engl. für Informationstechnologie)

IVS - Intelligente Verkehrssysteme

KFV - österreichisches Kuratorium für Verkehrssicherheit

LTE - Long Term Evolution (engl. für Mobilfunkstandard der vierten Generation)

NCSA – National Center for Statistics and Analysis (zugehörig zur US-Bundesbehörde NHTSA)

NHTSA - National Highway Traffic Safety Administration (zivile US-Bundesbehörde für

Straßen- und Fahrzeugsicherheit)

PIM - Personal Information Manager

PTI - Polizeitechnisches Institut

SMS - Short Message Service (engl. für Kurznachrichtendienst)

StGb - Strafgesetzbuch

StVO - Straßenverkehrsordnung

TV - Television (engl. für Fernsehen)

UMTS - Universal Mobile Telecommunications System (engl. für Universal-Mobilfunkdienst)

UNIQA - österreichische Versicherung für Haushalts-, Auto- und Krankenversicherung

USA - United States of America (engl. für Vereinigte Staaten von Amerika)

VANet - Vehicular Ad Hoc (engl. für mobiles Ad-hoc Netzwerk)

VDSL - Very High Speed Digital Subscriber Line (engl. für sehr schnellen digitalen

Teilnehmeranschluss)

VFB - Verein für Ballspiele

VVO - Versicherungsverband Österreich

WIVW - Würzburger Institut für Verkehrswissenschaften

WLAN - Wireless Local Area Network (engl. für „drahtloses lokales Netzwerk")

Abbildungsverzeichnis

Tabellenverzeichnis

1. Aufgabenstellung und Aufbau der Arbeit

"Unfallursache Smartphone - Tödliches Texten und Verunglücken durch gieriges Aufnehmen von Unfällen oder Pannen anderer Leute sind dramatisch zunehmende Unfallursachen."

Das Ziel der Studienarbeit ist es, länderspezifisch herauszufinden, wie das Smartphone das Verkehrsgeschehen positiv und negativ beeinflusst und welche Maßnahmen es gibt, den negativen Trend zu stoppen.

Zu Beginn soll mithilfe einer kurzen Darstellung des derzeitigen Stands der Technik sowie der aktuellen Entwicklung der „Smartphone Nutzung am Steuer" in die Materie eingeführt werden.

Anschließend werden im Kapitel zwei die Verkehrsunfallentwicklungen und dazu entsprechende Unfallstatistiken anhand der europäischen Beispiele Österreich, der Schweiz und Deutschland, und vergleichsweise dazu die der Vereinigten Staaten von Amerika, ausgewertet, um im Verlauf dieser Arbeit die Vor- und Nachteile eines Mobiltelefongebrauchs im Straßenverkehr aufzeigen zu können.

Thematisiert werden hierbei auch die Grenzen der Belastbarkeit eines Menschen und das Problem des Schaulustigen. Abschließend beschäftigt sich dieses Kapitel mit der Rechtslage am Beispiel Deutschland, wobei besonders die schlechte Nachweisbarkeit durch staatliche Kontrollen des Deliktes "Smartphone am Steuer" beleuchtet wird.

Das Kapitel drei zielt darauf ab, weltweite Maßnahmen zum Stopp des negativen Trends darzustellen und deren Nutzen zu untersuchen. Untergliedert wird dabei in mögliche Gegen-, Kompensations- sowie sonstige Maßnahmen.

Zum Ende bildet ein Fazit zur Problemstellung der Studienarbeit den zusammenfassenden Abschluss der Arbeit.

2. Ausgangssituation

Heutzutage hört man immer häufiger davon, dass insbesondere junge Menschen durch den Gebrauch des eigenen Smartphones am Steuer ihres Automobils abgelenkt und infolgedessen in Unfälle verwickelt werden.

„Ablenkung ist jenes Risiko, das im Straßenverkehr am häufigsten unterschätzt wird, aber trotzdem nahezu alle Verkehrsteilnehmer gleichermaßen betrifft. Wer am Straßenverkehr aktiv teilnimmt, [...] sollte die volle Konzentration auf das Verkehrsgeschehen lenken", erläutert Hartwig Löge, Vorstandsvorsitzender der UNIQA Österreich Versicherungen AG. [1] Verantwortlich für den Kontrollverlust über das Verkehrsgeschehen ist nicht nur allein das Tippen von Kurzmitteilungen, das sogenannte Texten, sondern auch das Telefonieren, die Nutzung multifunktionaler Applikationen oder auch der flexible Zugriff auf E-Mails, Webinhalte und soziale Netzwerke. Laut internationaler Studien werden diese breitgefächerten und teils komplexen Anwendungsbereiche von Jugendlichen erheblich häufiger genutzt als von Erwachsenen. Über 75 Prozent der 12- bis 17-Jährigen verwendeten dabei täglich das Smartphone. Unter den Erwachsenen unter 65 Jahren befänden sich bis zu 85 Prozent, die das Smartphone nutzten, während es spezifisch in der Altersgruppe der 50- bis 65- Jährigen lediglich 30 Prozent seien. [2]

Ebenso häufig werden Unfälle und Pannen anderer Verkehrsteilnehmer von Schaulustigen, sogenannten „Gaffern", per Videofunktion aufgenommen und anschließend im Internet verbreitet.

Da mittlerweile fast jeder Kraftfahrzeugfahrer ein Smartphone besitzt, werden das tödliche Texten sowie das Verunglücken durch gieriges Aufnehmen von Unfällen oder Pannen anderer Leute zu dramatisch zunehmenden Unfallursachen. Diese stellen nicht nur auf deutschen Straßen, sondern weltweit, ein großes Gefahrenpotential dar, welches immer mehr in den Fokus der Medien rückt. Diverse Psychologen, Unfallforscher und Polizisten, so beispielsweise Peter Schlanstein oder Jörg Kubitzki, haben sich bereits in der Vergangenheit mit dieser Thematik befasst und intensiver auseinandergesetzt.

---

[1] Vgl. VVO Versicherungsverband Österreich 2015.

[2] Vgl. Forschungsarbeiten des österreichischen Verkehrssicherheitsfonds, 2013.

2.1 Stand der Technik

In den vergangenen Jahren nahm das Smartphone in unserer Gesellschaft einen immer höheren Stellenwert ein. Die Funktionen entwickelten sich dabei in alle denkbaren Richtungen weiter. Das Smartphone lässt sich wie folgt definieren:

Es ist ein mit hoher Intelligenz ausgestattetes mobiles Telefon mit größerem Display, welches eine Symbiose aus Handy, Media-Player, MP3-Player, Personal Information Manager (PIM), Digitalkamera, Smartphone-Browser, E-Mail-System, GPS-System und anderen Funktionseinheiten bildet.

Smartphones bieten einen direkten Zugang zum mobilen Internet, sie unterstützen Audio und Video, besitzen Such-, Mail- und Organizer-Funktionen und können als persönliche Informationssysteme mit Adressverwaltung, Kalenderfunktionen und einfacher Textverarbeitung fungieren. Zusätzlich sind sie mit WLAN und Bluetooth ausgestattet und können darüber hinaus mit Servern, anderen Computern und Handys kommunizieren. Neben den Standardfunktionen stehen jedem Besitzer eines Smartphones mehr als hunderttausend Applikationen, im allgemeinen Sprachgebrauch „Apps" genannt, teils kostenlos, teils gegen ein kleines Entgelt, als Zusatzprogramme für daheim und unterwegs zum Download zur Verfügung.[3] Den Innovationen und Weiterentwickelungen sind in den nächsten Jahren dabei keine Grenzen gesetzt. Meilensteine der Telekommunikation stellen der Auf- und Ausbau des Internets sowie des Mobilfunks dar. Die Übertragungskapazitäten ermöglichen es, hohe Datenmengen zu verarbeiten. Festnetzgestützte Übertragungsstandards wie DSL, VDSL und TV-Kabel sowie mobilfunkgestützte Übertragungsstandards wie UMTS und LTE, gestatten dem Anwender, das Internet zu jeder Zeit und nahezu jedem Ort zu nutzen. Die Anbieter im technologischen Sektor arbeiten an einer stetigen Optimierung der Speicherchips und Prozessoren, um die Leistungsfähigkeiten zu erhöhen. Weiterentwickelt werden auch digitale Mess-, Steuer- und Regeltechniken, IT-Geräte und Software, die Maschinen und deren Prozessabläufe steuern und überwachen. Der Mediensektor ermöglicht es, Medienprodukte wie Musik, Filme, Fotos, Online-Zeitungen und E-Books zu speichern, anzuwenden und zu vervielfältigen. Das Smartphone profitiert so, neben der Möglichkeit der Telefonie, von weiteren, zusätzlichen Anwendungen (Navigation, Internetnutzung, Fotografie, Radio etc.), die

---

[3] Vgl. IT-Wissen.

dem Technologie- und Mediensektor zugerechnet werden können. Durch das Wachstums-
potenzial dieser Branche wird dem Nutzer eines Smartphones eine Vielzahl an mobilen Applikationen bereitgestellt, die im Alltag auf eine unterstützende Wirkung abzielen.

2.2 Smartphone Nutzung

Umfragen zufolge, die von dem Beratungsinstitut McKinsey & Company, Inc. München
durchgeführt und veröffentlicht wurden, benutzte bereits 2012 nahezu ein Drittel aller Autofahrer in Deutschland während der Fahrt ein Smartphone zur mobilen Kommunikation.

Unter die Anwendungen fielen demnach aber nicht nur Telefonate, sondern mit bis zu 70
Prozent das Schreiben von Nachrichten sowie das Nutzen mobiler Webdienste und Applika-
tionen. Es handelt sich hier um Funktionen, die die visuelle Aufmerksamkeit in besonderem
Maße beanspruchen.

Da sich eine breite Masse dieser genannten Autofahrer und gleichzeitigen Smartphone Nutzer dem erhöhten Risiko bereits bewusst sei, habe demzufolge eine 65-prozentige Mehrheit
unter den Befragten der 18- 39-Jährigen ausdrücklich erwähnt, dass der Sicherheitsaspekt
ein zentrales Bedürfnis während der Fahrt darstelle. Denn auch zukünftig, hier auf eine Zeit-
spanne der nächsten zehn Jahre begrenzt, hätten zweidrittel aller Befragten großes Interesse
daran, noch mehr Zeit während der Fahrt mit zusätzlichen Serviceleistungen, wie dem Internet, zu verbringen.[4]

Wie folgendes Diagramm zeigt, ist die Smartphone Nutzung eines Deutschen in den vergangenen Jahren extrem angestiegen und wird laut Umfragen auch in den kommenden Jahren
weiterhin zunehmen.

---

[4] Mobility of the future, Opportunities for automotive OEMs, McKinsey & Company, 2012.

2. Ausgangssituation

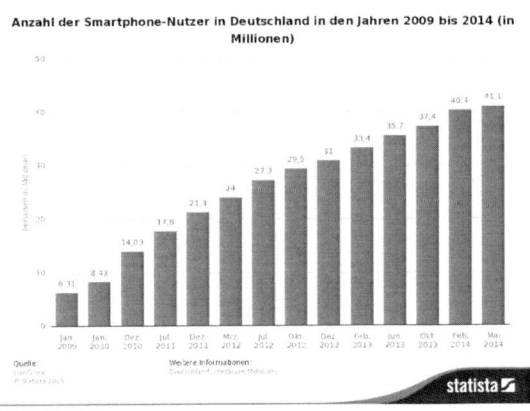

Abbildung 1 – Smartphone Nutzer in Deutschland[5]

Verkehrsunfälle stellen für die Altersgruppe der 18- bis 24-Jährigen die häufigste Todesursache dar. Diese ließen sich besonders leicht von ihrem Smartphone während der Fahrt ablenken, wodurch die Wahrscheinlichkeit, bei einem Unfall im Straßenverkehr zu sterben, im Vergleich zu dem Durchschnitt aller Autofahrer, fast auf das Doppelte ansteigt.

Durch das vermeintliche Gefühl, das Fahrzeug ausnahmslos kontrollieren zu können, wendeten die jungen Betroffenen die Aufmerksamkeit von der Straße ab und beschäftigten sich mit dem mobilen Gerät. Zudem stelle das ohnehin nur geringe polizeiliche Entdeckungsrisiko keine Motivation dar, die Hände am Lenkrad zu lassen und die gesamte Aufmerksamkeit den Fahraufgaben zu widmen. [6]

Im internationalen Vergleich lag Deutschland allerdings laut der Mobile Planet Studie, bei welcher Google für das erste Quartal im Jahr 2013 in 48 Ländern Umfragen durchgeführt und ausgewertet hat, nur auf dem 27. Platz. Den stärksten Einfluss habe das Smartphone demnach in den Vereinigten Arabischen Emiraten mit 73,8 Prozent, in Südkorea mit einer Rate von 73,0 Prozent und in Saudi Arabien mit 72,8 Prozent. Die USA liegen auf Rang 13, während die Verbreitungsrate 56,4 Prozent betrage.

---

[5] Vgl. Easy-Web-Solution (2014).

[6] Vgl. Deutscher Verkehrsgerichtstag 2015.

2. Ausgangssituation

Aus der folgenden Grafik gehen die genauen Verbreitungsraten des Smartphones in den zehn Ländern mit der höchsten Smartphone-Penetration hervor.[7]

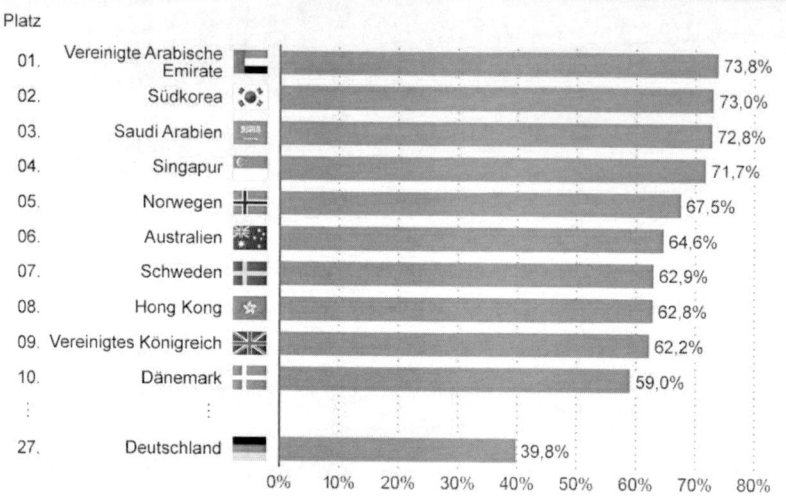

Abbildung 2 - Internationaler Vergleich der Smartphone-Verbreitung

---

[7] Statista.com, Statistiken und Studien zum Thema Smartphones (2013).

3. Einfluss des Smartphones auf das Verkehrsgeschehen

Diverse Studien haben sich mit den Auswirkungen eines Smartphones auf die Aktivitätsleistung eines Menschen beschäftigt. Dabei sind die Forscher zu dem Ergebnis gekommen, dass gerade der Gebrauch eines Smartphones während einer Autofahrt die mentale Verfassung beeinträchtige und leicht zu einer Konzentrationsabnahme führe. Das Sichtfeld und die damit verbundene Wahrnehmung der Umgebung würden um bis zu zehn Prozent verringert. Durch das Hinabblicken auf das Display blieben kontrollierende Maßnahmen, wie der Blick in den Rückspiegel, aus. Auch das reine Telefonieren stelle ein erhöhtes Unfallrisiko dar; insbesondere für Handy-Lenker ohne Freisprechanlage. Hier sei die Wahrscheinlichkeit, einen Unfall zu verursachen, fünfmal höher als für Nicht-Telefonierende. Zudem begingen Verkehrsteilnehmer, die während der Fahrt telefonierten, rund 40 Prozent mehr Fahrfehler.[8] Die durch das Smartphone verschuldete reduzierte Aufmerksamkeit bringe meist eine verzögerte Reaktion auf die Verkehrssituation mit sich. Ein Kraftfahrzeugfahrer, welcher sich am Steuer mit dem Lesen oder Verfassen einer Nachricht beschäftige, benötige bis zu fünf Sekunden, um auf Gefahren reagieren zu können. Nicht selten verringere der Fahrer, infolge der Ablenkung, die Fahrgeschwindigkeit, um die Beeinträchtigung und einen möglichen Schaden zu kompensieren.[9]

3.1 Flexibilitäts-, Funktions- und Unabhängigkeitssteigerung

Das Smartphone kann dem Kraftfahrzeugfahrer in vielen Situationen erleichternd zur Seite stehen. Navigationsgeräte, wie Google Maps, können beispielsweise ersetzt werden. Zudem besteht die Möglichkeit, aktuelle Benzinpreise der sich in der Umgebung befindenden Tankstellen abzurufen, um günstig zu tanken. Über die Bluetooth-Funktion kann sämtliche Musik über das Autoradio abgespielt werden und so eventuell aufkommende Müdigkeit vertreiben. Weitere Vorteile bilden Funktionen wie die allgemeinen Staumelder oder die Parkplatzsuche in Städten. Nach dem Parken besteht darüber hinaus mittlerweile immer häufiger die Möglichkeit, Parkplatzgebühren direkt über entsprechende Apps zu bezahlen.[10]

---

[8] Vgl. VVO Versicherungsverband Österreich 2015.

[9] Vgl. Smartphone use while driving – a simulator study, 2011.

[10] Vgl. die Welt (2014).

Es ermöglicht dem Fahrer, über die gesamte Zeit online oder direkt erreichbar zu sein, sodass er keine Informationen verpasst. Dem Fahrer ist es somit möglich, beispielsweise Telefonate über die Freisprechanlage zu tätigen, um u.a. Verspätungen mitzuteilen (weil er z.b. in einem Stau steht und zu spät zu einem Meeting erscheint).

Für die Bewertung von Sicherheitsaspekten, wie neuartiger Brems- und Rekuperationskonzepte für Elektrofahrzeuge, ist die Kenntnis der Längs- und Querbeschleunigungsverteilung im Realverkehr erforderlich. Weiterhin können solche Messdaten auch zur Definition von Fahrmustern und zur Validierung aktueller Emissionsmodelle des Gesamtverkehrs herangezogen werden. Für die Auslegung von Notbremssystemen und darüber hinausgehenden, zukünftigen Systemen der aktiven Sicherheit, wären die Fahrdynamikdaten bei kritischen Fahrsituationen von starkem Interesse. Aktuell werden diese Beschleunigungsdaten mit aufwendig instrumentierten Messfahrzeugen gewonnen. Ziel des Projektes ist die Prüfung, inwieweit Smartphones als Werkzeug zur Gewinnung von Fahrdynamikdaten genutzt werden können. Es ist zusätzlich ein Konzept zu erstellen, wie es gelingen kann, eine App zum Loggen von Smartphone Sensorikdaten zu nutzen, die von einem großen Nutzerkreis angenommen würde. Auch die Speicherung, Verarbeitung und Weiterleitung der Daten soll exemplarisch dargestellt und die Möglichkeiten zum Schutz der persönlichen Daten der Nutzer aufgezeigt werden. Weitere denkbare Anwendungsfälle für die in diesem Projekt zu entwickelnden Methoden wären beispielsweise einfache elektronische Fahrtüberwachungsmöglichkeiten für Eltern und dergleichen.[11]

3.2 Verkehrsunfallentwicklung

3.2.1. Österreich

In Österreich haben sich im vergangenen Jahr 2014 37.957 Unfälle ereignet, darunter knapp 13.000 Unfälle mit Personenschaden, bei denen der Hauptgrund in der Ablenkung lag. 430 Personen haben dabei ihr Leben verloren. Als Hauptunfallursachen gelten eine nicht angepasste Fahrgeschwindigkeit (31 %), Vorfahrtsverletzungen (15 %) und Unachtsamkeit

---

[11] Vgl. Bundesanstalt für Straßenwesen (2015).

oder Ablenkung (14 %). Im Vergleich zum Vorjahr 2013 gab es zwar weniger Unfälle durch Vorfahrtsverletzungen und riskante Überholmanöver, die Zahl tödlicher Unfälle durch Ablenkung stieg aber um 27 Prozent an.[12]

Österreichs Autofahrer verschickten, laut einer Studie des Kuratoriums für Verkehrssicherheit in Österreich, täglich rund 200.000 SMS aus dem Automobil. Obwohl sich mehr als 80 Prozent aller befragten österreichischen Autofahrer des erhöhten Gefahrenpotentials des Telefonierens sowie Schreibens von SMS bewusst seien, würden dennoch täglich 900.000 Telefonate, ohne, dass eine Freisprecheinrichtung im Auto vorhanden sei, geführt werden.[13]

Eine Auswertung zur Thematik „Widerrechtliches Telefonieren am Steuer" unter der Rubrik „Sonstige Beeinträchtigungen von Fahrzeuglenkern", die im Rahmen der jährlichen Berichterstattung der Statistik Austria zu der Gesamtheit der Straßenverkehrsunfälle erfolgte, ergab in den letzten Jahren folgende Daten:

Tabelle 1: Straßenverkehrsunfälle, Berichtsjahre 2012-2014

	2012	2013	2014
Gesamtanzahl Unfälle	40.831	38.502	37.957
Unachtsamkeit/ Ablenkung	13.113	12.821	12.981
Widerrechtliches Telefonieren am Steuer	20	14	18

Im Fall des „widerrechtlichen Telefonierens am Steuer" ist allerdings von einer nicht unerheblichen Dunkelziffer auszugehen, da sich die Fahrzeuglenker bei einer polizeilichen Einvernahme nach einem Unfall nicht selbst belasten werden.[14]

3.2.2. Schweiz

Auf Schweizer Straßen wurden im Jahr 2014 243 Personen im Straßenverkehr getötet und 4.043 schwer verletzt. Betrachtet man die vergangene Dekade, reduzierte

---

[12] Vgl. Bundesministerium für Inneres (BMI), 430 Verkehrstote im abgelaufenen Jahr (2014).

[13] Vgl. VVO Versicherungsverband Österreich, Unfallursache Ablenkung: Herausforderung der Zukunft (2015).

[14] Vgl. Statistik Austria, Statistik der Straßenverkehrsunfälle mit Personenschaden, Berichtshefte 2012-2014.

sich die Anzahl Getöteter jährlich um rund 20, diejenige der Schwerverletzten um etwa 140. Unfallursachen, die hinsichtlich des Risikos hier von besonderer Bedeutung sind, seien in einem hohen Maße die Vorfahrtsmissachtungen, die Unaufmerksamkeit und Ablenkung am Steuer sowie das Nichteinhalten der Geschwindigkeitsbegrenzungen. Die drei genannten Merkmale waren im Jahr 2014 laut der Unfallforschung die am häufigsten aufgetretenen bei Unfällen mit Schwerverletzten oder Getöteten. So waren Vorfahrtsmissachtungen für mehr als ein Viertel der Unfälle mit Schwerverletzten, Verstöße gegen die Maximalgeschwindigkeit auf den Straßen für rund ein Viertel der tödlichen Unfälle verantwortlich. Vergleicht man die heutigen Zahlen mit denen vor zehn Jahren, lässt sich feststellen, dass die Anzahl der schweren Personenschäden seitdem stetig zurückgegangen ist; mittlerweile liegt sie bei rund 30 Prozent weniger als im Jahr 2004. Dementsprechend nahmen auch die Unfallursachen, insbesondere die Geschwindigkeitsverletzung (-44%), die Unaufmerksamkeit oder Ablenkung (-35%) sowie der Alkoholmissbrauch (-40%) deutlich ab. Die nachfolgende Grafik ergänzt die zuvor beschriebenen Unfallursachen um die Dokumentation der Daten aus dem Verkehrsjahr 2014.

3. Einfluss des Smartphones auf das Verkehrsgeschehen

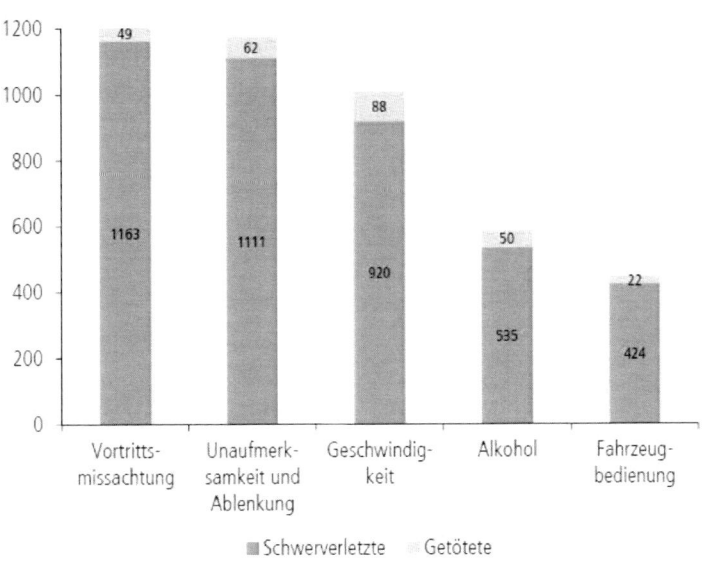

Abbildung 3 - Unfallursachen auf Schweizer Straßen

Beschränkt man sich anschließend auf die Unfallursache „Unaufmerksamkeit und Ablenkung", waren im vergangenen Jahr 1.055 Schwerverletzte und 52 Getötete auf Schweizer Straßen die Folge. Im Gegensatz zu den anderen genannten Ursachen haben Unfälle infolge Unaufmerksamkeit und Ablenkung in der Regel weniger schwerwiegende Konsequenzen, da nur selten Ablenkungsquellen, wie die Nutzung eines Telefons, die Bedienung eines Geräts, aber beispielsweise auch Momente der Ablenkung, hervorgerufen durch Mitfahrer oder Tiere, herausgestellt und damit protokolliert werden konnten. Auch hier besteht vermutlich das Problem für die Polizisten am Unfallort, trotz der vielfältigen Erhebungsmöglichkeiten, die genauen Ablenkungsquellen zu erkennen. Ergänzend zu der Abnahme der Gesamtzahl aller schweren Unfälle mit Personenschäden, ist auch die Rate der schweren Unaufmerksamkeits- und Ablenkungsunfälle in den letzten zehn Jahren um 35 Prozent zurückgegangen. [15]

Das Bundesamt für Strassen (ASTRA) der Schweizerischen Eidgenossenschaft hat in der untenstehenden Tabelle Daten bei Unfällen aus dem Zeitraum 2011 bis 2014 erheben können,

---

[15] Vgl. SINUS-Report 2015 – Sicherheitsniveau und Unfallgeschehen im Straßenverkehr 2014.

bei denen als Hauptursache die Ablenkung durch die Bedienung eines Telefons eindeutig identifiziert wurde. Verglichen mit der Gesamtanzahl aller Unfälle, stellt diese Ursache nur einen Bruchteil dar. Allerdings muss auch an dieser Stelle darauf hingewiesen werden, dass eine nicht unbedenkliche Dunkelziffer, bedingt durch die bereits oben erwähnte Schwierigkeit der Ermittlung eindeutiger Ablenkungsquellen am Unfallort, die hier ausgewiesenen Daten erheblich verringern.[16]

Tabelle 2: Unfälle mit Hauptursache "Ablenkung durch Bedienung des Telefons"

Unfälle mit Hauptursache "Ablenkung durch Bedienung des Telefons" (UAP 1706)
2011-2014

Jahr	Total Unfälle	Unfälle mit Getöteten	Unfälle mit Schwerverletzten	Unfälle mit Leichtverletzten	Unfälle mit nur Sachschaden
2011	113	1	9	38	65
2012	112	1	12	32	67
2013	106	0	9	30	67
2014	124	1	4	38	81

Total Unfälle
2011-2014

Jahr	Total Unfälle	Unfälle mit Getöteten	Unfälle mit Schwerverletzten	Unfälle mit Leichtverletzten	Unfälle mit nur Sachschaden
2011	54269	312	4110	14568	35279
2012	54171	301	3867	13980	36023
2013	53052	257	3859	13357	35579
2014	51756	229	3818	13756	33953

3.2.3. Deutschland

Das Statistische Bundesamt des Bundesministeriums des Innern stellt monatlich einen Bericht zum Unfallgeschehen auf deutschen Straßen bereit. Der Jahresbericht für 2014 beinhaltet alle ermittelbaren Daten im Bereich der Verkehrsunfälle. Erfasst wurden durch die Polizei im Zeitraum von Januar bis Dezember 2014 2,4 Millionen Unfälle, von denen es sich bei 2,1 Millionen um Sachschadensunfälle handelt. Unter die Kategorie der sonstigen Unfälle, die mit einer Zahl von 14.947 noch einen erheblichen Anteil ausmacht, fallen beispielsweise Unfallursachen wie der Einfluss berauschender Mittel. Die Zahl der Unfälle mit Personenscha-

---

[16] Vgl. Unfalldaten und -erfassung des Bundesamts für Straßen ASTRA, 2015.

den ist im Vergleich zum Vorjahr 2013 um 3,9 Prozent gestiegen.[17] Während ein Alkohol-missbrauch unmittelbar durch eine Blutprobe feststellbar ist, stellt der Nachweis einer Nutzung des Smartphones am Steuer eine besondere Herausforderung für die Behörden dar. Solche Unfallursachen werden derzeit unter der Rubrik „Verkehrsunfälle mit ungeklärter Ursache" gelistet. Das Kraftfahrtbundesamt habe mittlerweile 420.000 Verstöße gegen das Handyverbot registrieren können. Zwischen 2008 und 2013 ist die Zahl der Verkehrsunfälle mit ungeklärter Ursache um 56 Prozent gestiegen. Der Verdacht liegt nahe, dass ein erheblicher Anteil auf die verbotene Nutzung von Smartphones zurückzuführen ist. Aktuelle Stichproben des ACE Auto Club Europa e.V., die anlässlich einer dreimonatigen Verkehrsaktion in Baden-Württemberg durchgeführt wurden, haben insgesamt 13.878 Verstöße gegen das Smartphone-Verbot am Steuer feststellen können. „Das ist jedoch sicher nur die Spitze des Eisbergs, die Dunkelziffer liegt wesentlich höher", so Bruno Merz, Organisator der Aktion „Park dein Handy, wenn du fährst!". Laut der Beobachtungen der ACE-Tester verstoße alle 2,9 Minuten ein Verkehrsteilnehmer gegen das Handyverbot. Besonders auffällig seien Großstädte wie Hamburg und Berlin, in denen durchschnittlich 90 (Hamburg) beziehungsweise 61 (Berlin) Smartphone-Verstöße pro Stunde registriert wurden.[18]

Der Großteil der Unfälle mit Personenschaden ereignet sich innerhalb von Ortschaften. Auf den Land- sowie Schnellstraßen wurden vergleichsweise weniger Personenschadensunfälle dokumentiert, der Prozentsatz der Verkehrsopfer liegt dagegen bei knapp 60 Prozent. Weniger als 7 Prozent aller Unfälle mit Personenschaden wurden auf Autobahnen registriert.

Aus der unterschiedlichen Verteilung von Unfällen und dem hohen Prozentsatz an getöteten Verkehrsteilnehmern auf Land- und Schnellstraßen wird ersichtlich, dass sich wegen höherer Fahrgeschwindigkeiten schlimmere Unfallfolgen ergeben. Während innerorts fünf Getötete auf 1.000 Unfälle mit Personenschaden kamen, lag der entsprechende Wert für Autobahnen bei 20 und für Landstraßen sogar bei 27 Todesopfern. Die häufigste, sich innerhalb von Ortschaften ereignende Unfallart, war die des „Zusammenstoßes mit einem anderen Fahrzeug, das einbiegt oder kreuzt". Betrachtet man die Gefahren, die sich außerhalb von Ortschaften bemerkbar machen, spricht man in erster Linie von dem „Abkommen von der Fahrbahn".

[17] Vgl. DESTATIS Statistisches Bundesamt, Verkehrsunfälle, Fachserie 8 Reihe 7 (2014).
[18] Vgl. ACE Auto Club Europa, „Tippen bis zum Tod" (2015).

Jeder dritte, außerorts registrierte Unfall ging auf diese Unfallart zurück. Auch hier vermuten die Behörden eine weitere Dunkelziffer an Verstößen durch die Nutzung des Smartphones und die damit zusammenhängende Ablenkung, die auf kurvigen, teils unübersichtlichen und zudem schmalen Straßen, zu einem erhöhten Unfallaufkommen führe. [19]

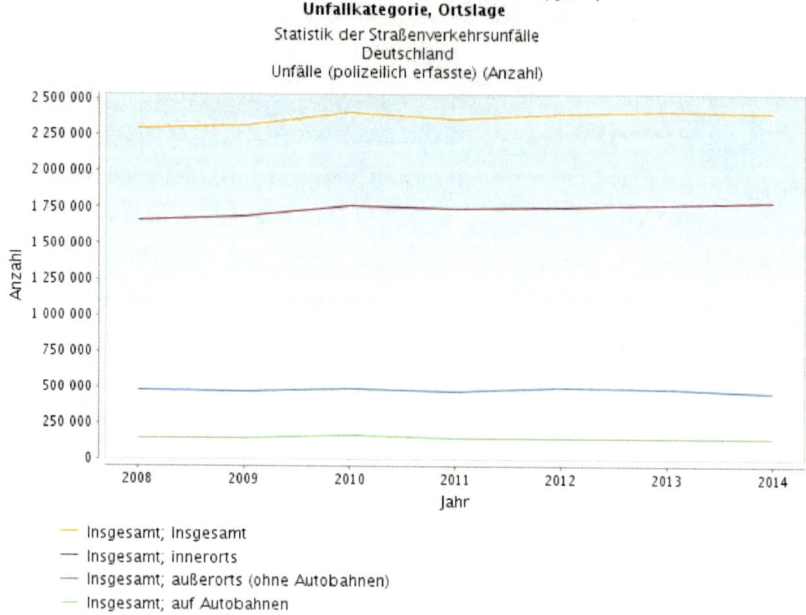

Abbildung 4 - Unfälle nach Straßenkategorie

Eine weitere Grafik listet die prozentual größten Unfallgefahren auf, wie diese bei einer Befragung von jugendlichen Deutschen im Alter von 18 bis 24 Jahre eingeschätzt wurden. Das Sicherheitsverständnis der jungen Menschen im Jahr 2014 ist durchaus repräsentativ, da die genannten größten Gefahren meist auch die tatsächlichen häufigsten Unfallursachen auf deutschen Straßen darstellen. Erkennbar wird, dass die Ablenkung, beispielsweise durch das Smartphone, mit einem Gewicht von 56 Prozent, bereits an zweiter Stelle hinter dem Alko-

---

[19] Vgl. DESTATIS Statistisches Bundesamt, Verkehrsunfälle, Fachserie 8 Reihe 7 (2014).

holeinfluss gelistet wird. Ablenkung und daraus resultierende Unaufmerksamkeit führen zu einem höheren Sicherheitsverlust als der Missbrauch von Drogen, überhöhte Geschwindigkeit oder Müdigkeit im Straßenverkehr.

Alkohol	72
Ablenkung (Handy etc.)	56
Drogen und Medikamente	46
überhöhte Geschwindigkeit	45
Selbstüberschätzung	41
Müdigkeit	39
riskantes Fahrverhalten der anderen Verkehrsteilnehmer	33
Witterung und glatte Fahrbahn	27
Regelverstöße und unangepasste Fahrweise allgemein	23
Überholmanöver	21
unangepasste Geschwindigkeit	19
Alter der Fahrer	18
fehlende Fahrpraxis	14
dichter Verkehr/unübersichtliche Verkehrslage	9
Dunkelheit	6
technisches Versagen	6
Zufall	6
mangelnde Wartung des Autos	5

Angaben in Prozent
Daten AZT/GfK
Repräsentativbefragung 18-24-Jähriger
(Gesamtbevölkerung mit und ohne Führerschein
Deutschland, 2014)

Mobiltelefone jetzt bitte abschalten

Abbildung 5 - Unfallgefahren in Deutschland

In einer dritten Statistik werden sogenannte personenbezogene Ursachen, worunter das Fehlverhalten der Fahrzeugführer zu ordnen ist, aufgeführt, die auf deutschen Straßen im Jahr 2014 letztendlich zu Unfällen mit Personenschaden geführt haben. In insgesamt 361.935 Fällen waren Fehlverhalten, wie beispielsweise Alkoholkonsum, eine nicht angepasste Geschwindigkeit, die Missachtung der Einhaltung des Mindestabstandes, die Vorfahrtnahme sowie das Abbiegen, Wenden, Ein- und Anfahren, die ausschlaggebenden Faktoren für einen darauffolgenden Unfall. Das sind umgerechnet 630 Fehlverhalten je 1.000 Unfallbeteiligte. Während die Häufigkeit der Unfallursache des Alkoholeinflusses seit 1991 um 73,9 Prozent zurückgegangen ist und sich ebenfalls in diesem Zeitraum Unfälle durch nicht angepasste Geschwindigkeiten um 63,9 Prozent verringert haben, sind Abstandsfehler und die Zahl der sonstigen Unfallursachen gestiegen. In 141.389 Fällen handelt es sich um andere Gründe, die nicht detaillierter in der Jahresveröffentlichung der Verkehrsunfälle durch das Statistische Bundesamt beschrieben werden. Darunter fallen beispielsweise unfallbezogene Ursachen wie Glätte durch Regen, Schnee und Eis, fahrzeugbezogene Ursachen, meist technische Mängel, aber auch all die Unfälle, die mit dem Vermerk „ungeklärte Ursache" abgeschlossen wurden. Hierunter befindet sich ein nicht unbedeutender Anteil derjenigen personenbezogenen Ursachen, die auf Müdigkeit, Selbstüberschätzung oder auch Ablenkung zurückzuführen sind. [20]

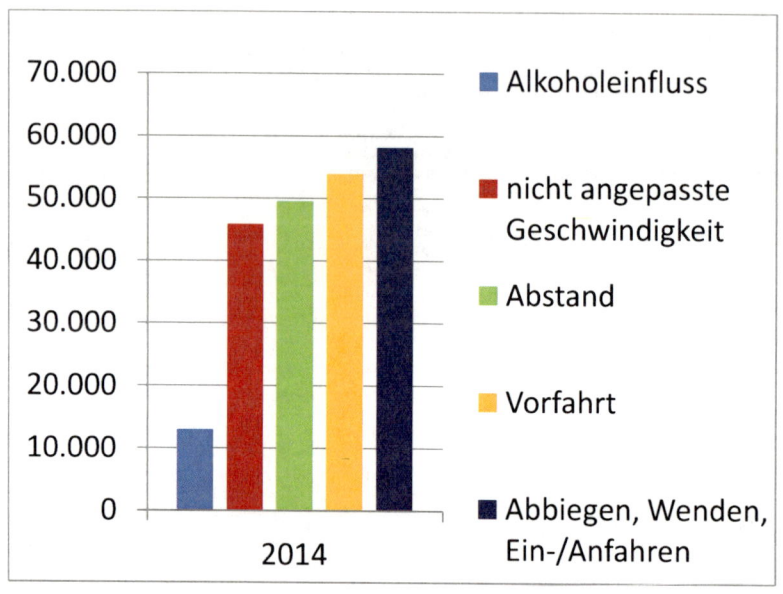

3.2.4. USA

In den USA wird die Unfallursache „Ablenkung" in Unfallstatistiken bereits seit mehreren Jahren als gesonderte Kategorie aufgeführt, sodass nachvollziehbar ist, dass mittlerweile jeder zehnte Unfall mit Todesfolge sowie mehr als jeder sechste Unfall mit Verletzten die Folgen visueller und mentaler Ablenkung sind. Im Jahr 2011 kam es auf amerikanischen Straßen zu 29.757 schweren Unfällen, bei denen 43.668 Menschen beteiligt waren. In knapp zehn Prozent dieser Fälle konnte allgemeine Ablenkung am Steuer als Unfallursache ermittelt werden. In diesen genannten Unfallsituationen, welche durch abgelenkte Verkehrsteilnehmer entstanden, verloren 3.331 Menschen ihr Leben (10% aller Verunglückten aller Un-

---

[20] DESTATIS Statistisches Bundesamt, Fachserie 8, Reihe 7, 2014.

fälle in 2011). Eine weitere Aufschlüsselung der Unfallursache „Ablenkung" in die Kategorie „Nutzung eines Smartphones", ermöglicht den Blick auf die Zahlen, die an dieser Stelle besonders interessant werden. Personen, die in derartige Unfälle involviert waren, bei denen zunächst die Ablenkung als ausschlaggebende Hauptursache identifiziert wurde, nutzten überdurchschnittlich oft, unmittelbar vor dem Unfall, ihr Smartphone. Zwölf Prozent aller Ablenkungsunfälle waren auf dieses Fehlverhalten zurückzuführen. Unfallberichte gliedern im Detail die Aktionen des Sprechens, Zuhörens, Wählens von Nummern sowie Schreibens zum entscheidenden Zeitpunkt des Unfallereignisses. Insgesamt sind durch solches Fehlverhalten während der Fahrt 385 Menschen im Straßenverkehr um ihr Leben gekommen.

Die sich anschließende Tabelle stellt die durch das National Center of Statistics and Analysis (NCSA), welches der US-Bundesbehörde NHTSA angehört, ermittelten Daten graphisch in den bereits oben genannten Kategorien dar. Während die Tabellenspalten in Unfälle, die beteiligten Fahrzeugführer sowie Todesopfer unterteilt werden, gliedert man die beiden Tabellenzeilen in die Kategorien der Unfallursachen „Ablenkung" sowie „Smartphone Nutzung".

Tabelle 3: Schwere Unfälle, Auslöser Ablenkung und Smartphone Gebrauch, USA 2011

Fatal Crashes, Drivers in Fatal Crashes, and Fatalities, 2011

	Crashes	Drivers	Fatalities
Total	29,757	43,668	32,367
Distraction-Affected (D-A)	3,020 (10% of total crashes)	3,085 (7% of total drivers)	3,331 (10% of total fatalities)
Cell Phone in Use	350 (12% of D-A crashes)	368 (12% of distracted drivers)	385 (12% of fatalities in D-A crashes)

Source: National Center for Statistics and Analysis (NCSA), FARS 2011 (ARF)

Betrachtet man die Anzahl der Verletzten aller Unfallgeschehen, wurden bei den durch Ablenkung verursachten Unfällen 387.000 Menschen verletzt, wobei davon wiederum fünf Prozent speziell bei Unfällen verletzt wurden, die die Folge einer Nutzung eines Smartphones waren. Die nachfolgende Darstellung enthält zu dieser Thematik zusätzlich Daten aus den Vorjahren von 2007 bis 2010, ebenfalls durch die NHTSA ermittelt und veröffentlicht. Im Vergleich dazu ist die Zahl der Unfallverletzten, resultierend aus der Ablenkung im Straßenverkehr, im Jahr 2011 zwar zurückgegangen, der prozentuale Anteil, der sich aus der Unterkategorie der Smartphone Nutzung ergibt, aber konstant geblieben.[21]

Tabelle 4: Anzahl von verletzten Personen bei Unfällen und Unfällen mit Ablenkung

Estimated Number of People Injured in Crashes and People Injured in Distraction-Affected Crashes

Year	Overall	Distraction	
		Estimate (% of Total Injured)	Cell Phone Use (% of People Injured in Distraction-Affected Crashes)
2007	2,491,000	448,000 (18%)	24,000 (5%)
2008	2,346,000	466,000 (20%)	29,000 (6%)
2009	2,217,000	448,000 (20%)	24,000 (5%)
2010	2,239,000	416,000 (19%)	24,000 (6%)
2011	2,217,000	387,000 (17%)	21,000 (5%)

Source: NCSA, GES 2007-2011

Der US Gesundheitsbehörde CDC zufolge, wurden in 2012 in durch Ablenkung verursachten Unfallgeschehen 3.328 Menschen getötet und 421.000 Menschen verletzt. Diese Zahl der Unfallverletzten stellt einen Anstieg von neun Prozent innerhalb eines Jahres dar. [22]

Im Folgejahr 2013 sprechen offizielle Statistiken der „US Government Website for Distracted Driving" von 3.154 auf amerikanischen Straßen verunglückten Autofahrern, die unter dieser Kategorie gelistet wurden. Diese Zahl stellt einen Rückgang der tödlichen Unfälle um 5,2 Prozent dar. Dagegen ist die Zahl der Verletzten im Vergleich zum Jahr 2012 auf 424.000 Menschen gestiegen.[23]

Ein weiteres Diagramm soll abschließend den Anteil der Verkehrsunfallursachen im Bezug auf „Ablenkung" und „Nutzung eines Smartphones" am gesamten Unfallgeschehen im Verlauf der Jahre aufzeigen. Hierbei wird erneut der Zeitraum von 2007 bis 2011 beleuchtet. Rund 15 Prozent aller Unfälle sind dabei auf die allgemeine Ablenkung zurückzuführen, wäh-

---

[21] Vgl. NHTSA, Traffic Safety Facts, Distracted Driving 2011.

[22] Vgl. Injury Prevention & Control: Motor Vehicle Safety.

[23] Vgl. Distraction.gov, Facts and Statistics.

rend etwa fünf Prozent aller Unfallereignisse in den USA durch das Smartphone hervorgerufen werden.

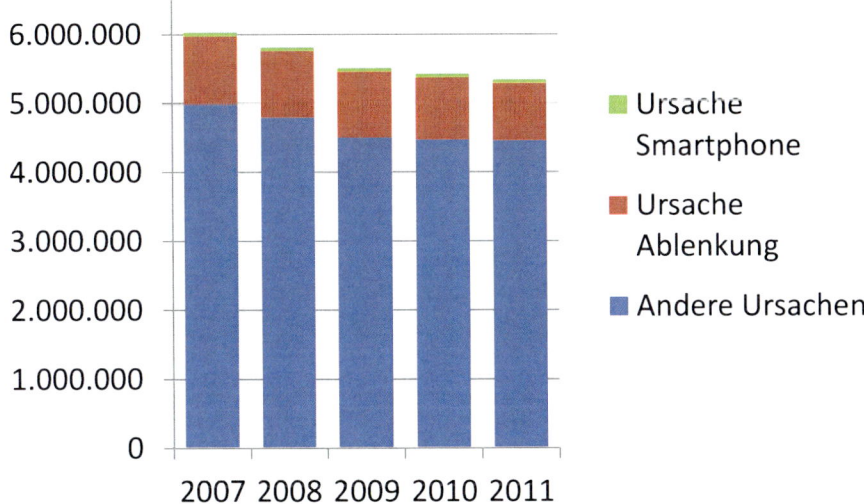

Abbildung 7 – Unfallursachen laut NHTSA, USA 2007-2011

3.3 Grenzen der Belastbarkeit

Der Mythos der Multitasking Fähigkeit eines Menschen, mehrere Tätigkeiten (Tasks) zeitgleich oder in einem schnellen Wechsel ausführen zu können - insbesondere, während sich dieser in einem fortbewegenden Zustand befindet - ist eines der ausschlaggebenden Gründe der Selbstüberschätzung vieler Menschen im Straßenverkehr.

„Viele von uns denken, dass wir […] mehrere Tätigkeiten gleichzeitig verrichten können. Doch diese Annahme ist ein Trugschluss, denn das menschliche Gehirn ist nicht zum Multitasking geschaffen. Das gleichzeitige Ausführen mehrerer Tätigkeiten führt zu einem erheblichen Konzentrations- und Leistungsverlust", erklärt Dr. Othmar Thann, Direktor des österreichischen Kuratoriums für Verkehrssicherheit (KFV). [24]

Unter optimalen Bedingungen könnten maximal sieben bis acht Sachverhalte gleichzeitig erfasst und ausgewertet werden. Etwa 90 Prozent der Informationen aus der Umwelt nehme

---

[24] Vgl. VVO Versicherungsverband Österreich 2015.

der Mensch dabei als Momentaufnahme über die Augen wahr. Aufgrund von gesammelten Erfahrungen in diversen Situationen, glaube der Mensch aber zu wissen, mit Routine handeln und dabei alles kontrollieren zu können – auch ohne hinsehen.

Nach Dr. Mark Vollrath, Professor an der Technischen Universität Braunschweig, lasse sich die Ablenkung in drei Arten unterteilen. Durch die Bedienung von einem Navigationsgerät, dem Radio oder der Klimaanlage werde eine visuelle Ablenkung hervorgerufen, da der Blick nicht mehr auf die Straße, sondern in den Fahrzeuginnenraum gerichtet werde. Diese Art der Ablenkung sei auch die Folge bei der Verwendung eines Smartphones im Straßenverkehr. Verstärkt werde dieser Konzentrationsverlust durch die mentale Ablenkung, die aus Gesprächen und Telefonaten resultiere. In Gedanken erfasse man Sachverhalte unvollständig oder ordne sie falsch ein, sodass es zu Fehlinterpretationen oder –entscheidungen komme. Auch der Griff nach dem Smartphone oder möglicherweise dem Ladekabel im Handschuhfach stelle eine Handlung dar, wodurch der Fahrer einer motorischen Ablenkung unterliege, die auf außergewöhnliche Bewegungen am Steuer zurückzuführen sei. Darunter fielen auch das Essen und Trinken während der Fahrt.[25]

Wie eine Studie des Instituts für Arbeit und Gesundheit der Deutschen Gesetzlichen Unfallversicherung (IAG) zeigt, führe Multitasking zu nachlassenden Leistungen, erhöhter Anspannung und demnach zu einem erhöhten Unfallrisiko. Autofahrern, die während einer Simulator-Fahrt telefonierten, konnten Forscher der US-amerikanischen Universität Utah eine stark verminderte Leistungsfähigkeit nachweisen. Dabei sei die Fahrtüchtigkeit bei den Handynutzern derartig eingeschränkt gewesen, dass ein Vergleich mit Fahrern naheliege, die einen Alkoholwert von 0,8 Promille im Blut hätten.[26]

Bereits im Jahr 2008 warnte der Deutsche Verkehrsgerichtstag vor einer Überforderung des Autofahrers durch Sekundäraufgaben infolge einer wachsenden Ausstattung eines Kraftfahrzeuges mit innovativen Fahrer-Assistenzsystemen (FAS), Fahrer-Informationssystemen (FIS) oder gar Entertainment-Geräten, die teilweise auch als portable Geräte im Fahrzeug Ver-

---

[25] Vgl. Deutscher Verkehrssicherheitsrat e.V. Bonn (2015).

[26] Vgl. David L. Strayer, Frank A. Drews, Dennis J. Crouch: A Comparison of the Cell Phone Driver and the Drunk Driver (2006).

wendung finden. Basis dieser warnenden Hinweise ist die Kenntnis über die begrenzte Verarbeitungskapazität des menschlichen Gehirns.[27]

Die Ausführung fahrfremder Tätigkeiten, etwa die Benutzung eines Smartphones während des Fahrens, kann von der eigentlichen Fahraufgabe ablenken und im Extremfall zu Unfällen führen. In einer im Fahrsimulator der Bundesanstalt für Straßenwesen (BASt) durchgeführten Studie wurde deshalb untersucht, wie sich die Benutzung von Smartphones auf die Fahrsicherheit auswirkt und ob Fahrer in der Lage sind, Smartphones situationsangepasst zu verwenden. Dazu wurden die Fahrenden aufgefordert, eine visuell-motorische Nebenaufgabe zu bearbeiten, ähnlich dem Eingeben einer Telefonnummer oder dem Erstellen einer SMS. In einer Bedingung musste diese Aufgabe zwingend bearbeitet werden, während die Fahrenden in der anderen Bedingung die Möglichkeit hatten, diese Aufgabe nur dann zu bearbeiten, wenn ihnen dies ohne Gefährdung möglich erschien.

Eine weitere Studie der BASt ergab, dass Autofahrer die meisten fahrfremden Tätigkeiten als prinzipiell gefährlich einschätzten. Gleichzeitig gaben sie an, dass sie selbst solche Tätigkeiten nur in Verkehrssituationen ausführen, in denen dies gefahrlos möglich sei.[28] Die bislang wohl am häufigsten untersuchte fahrfremde Tätigkeit ist das Telefonieren am Steuer. Oft wurde in den durchgeführten Studien aber nicht berücksichtigt, ob die Fahrenden in bestimmten Verkehrssituationen überhaupt von sich aus zum Handy greifen würden. Auch wurde bislang erst selten untersucht, wie sich die weiteren Anwendungen von Smartphones, beispielsweise das Schreiben oder Lesen von SMS, auf das Fahren auswirken.

Die sich anschließende Grafik zeigt die Gesamtblickabwendungsdauer von der Fahrbahn auf, die bei verschiedenen Aufgaben, die parallel zur Fahraufgabe ausgeführt werden, unterschiedlich lang sind. Unterteilt wird hier in die standardisierte Folgefahrt und realistisch gestaltete Fahrparcours während der Durchführung der oben genannten Studie der BASt.

---

[27] Vgl. Verkehrsgerichtstag 2015.

[28] Vgl. Bundesanstalt für Straßenwesen (2015).

3. Einfluss des Smartphones auf das Verkehrsgeschehen

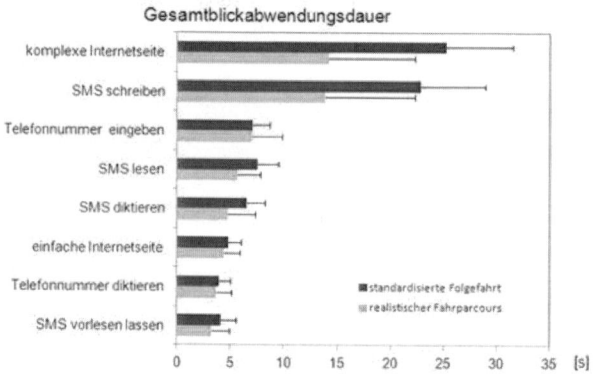

Abbildung 8 - Gesamtblickabwendungsdauer[29]

Des Weiteren zeigt die folgende Tabelle den zurückgelegten Blindflug eines Autofahrers innerhalb eines bestimmten Zeitraums von nur wenigen Sekunden und einer entsprechenden Geschwindigkeit. Dabei werden eine Sekunde, die lediglich den kurzen Blick zum Smartphone darstellt, drei Sekunden, die beim Eintippen des Wortes „Hallo" vergehen sowie fünf Sekunden für ein längeres Lesen aufgeführt.

Tabelle 5: Geschwindigkeit und Zeit der Ablenkung - Strecke Blindflug

Geschwindigkeit	30km/h	50km/h	70km/h	100km/h	120km/h	150km/h	180km/h
Ablenkung (Zeit)							
1 Sekunde	8m	14m	19m	28m	33m	42m	50m
3 Sekunden	25m	42m	58m	83m	100m	125m	150m
5 Sekunden	42m	69m	97m	139m	167m	208m	250m

Bei einer Autobahnfahrt von 180 km/h würde man beim Eingeben des Wortes „Hallo" und einer Abwendung der Aufmerksamkeit vom Straßenverkehr von geschätzten drei Sekunden, von einem Blindflug von 150 Metern ausgehen.

In einem Fahrsimulator des Würzburger Instituts für Verkehrswissenschaften (WIVW) wurden verschiedenste Aufgaben untersucht, die mit einem Smartphone ausgeführt werden können: das Verfassen und Lesen von Nachrichten, das Wählen von Telefonnummern sowie

---

[29] Vgl. Bundesanstalt für Straßenwesen (2015).

der Informationsabruf aus dem Internet. Eine Gruppe nahm die dazu nötigen Eingaben direkt am Smartphone vor, das sich in einer Halterung am Armaturenbrett befand. Der anderen Gruppe standen dazu eine Spracherkennung und eine Vorlesefunktion zur Verfügung. Weiterhin konnten in dieser Gruppe nur einfach aufgebaute Internetseiten zur Informationssuche aufgerufen werden. Die Fahrenden absolvierten dabei zum einen eine standardisierte Folgefahrt, zum anderen befuhren sie eine abwechslungsreiche Strecke, die über Landstraßen, Autobahnen und durch Innenstadtbereiche führte. Währenddessen wurden Blick- und Fahrverhaltensdaten erfasst.

Sobald die Fahrenden selbst entscheiden konnten, ob sie in einer Verkehrssituation die geforderte Nebenaufgabe bearbeiteten oder nicht, kam es kaum zu mehr Fahrfehlern als beim Fahren ohne Ablenkung. Die Fahrenden passten die Bearbeitung der Nebenaufgabe an die Anforderungen der Verkehrssituation an. So bearbeiteten sie an Kreuzungen oder auf kurvigen Streckenabschnitten weniger Aufgaben, beim Warten an Ampeln oder auf längeren, geraden Streckenabschnitten hingegen mehr. Hatten die Fahrenden diese Wahlmöglichkeit der Bearbeitung allerdings nicht, traten in kritischen Verkehrssituationen dementsprechend deutlich mehr Fahrfehler auf. Insbesondere die Spurhaltung wurde dadurch enorm beeinträchtigt.

Der Vergleich der verschiedenen Anwendungsmöglichkeiten auf einem Smartphone verdeutliche, dass besonders die Spur- und Abstandshaltung gerade dann beeinträchtigt sei, wenn das Smartphone für Aufgaben mit hohen visuell-motorischen Anforderungen verwendet würde. Hierzu gehörten speziell das Lesen und das Eingeben von längeren Texten. Daher seien das Schreiben von SMS oder E-Mails sowie das Lesen komplex aufgebauter Internetseiten mit umfangreicheren Fließtexten, beispielsweise auf Mobilseiten von Nachrichtenanbietern, als äußerst kritisch zu bewerten. Wurden SMS mittels Spracherkennung erstellt und für eingehende SMS die Vorlesefunktion genutzt, waren die Beeinträchtigungen wesentlich geringer. Die Fahrer machten weniger Fehler, wandten ihren Blick seltener vom Verkehrsgeschehen ab und hielten sowohl die Spurposition als auch den Längsabstand besser ein.

Fahrende könnten gut einschätzen, in welchen Verkehrssituationen die Nutzung eines Smartphones gefährlich und wann weniger kritisch sei. Allerdings sei das Vorhersehen von unerwarteten Situationen nicht gegeben, sodass in diesen Fällen keine Anpassung der Nutzung möglich sei. Die berührungsfreie Bedienung von Smartphones mithilfe einer Sprach-steuerungsfunktion könne die negativen Auswirkungen auf die Fahrsicherheit deutlich ver-ringern. Mit entsprechenden Applikationen könnten somit grundsätzlich geeignete Rahmen-bedingungen geschaffen werden, um ausgewählte Aktivitäten auch während der Fahrt nahe-zu bedenkenlos auszuführen.

3.4 Problem des Schaulustigen

In Deutschland kommt es, bevorzugt auf Autobahnen, des Öfteren vor, dass Staus durch das gierige Aufnehmen von Unfällen mit dem Smartphone entstehen. Hierbei kommt es zu Be-hinderungen auf der Fahrbahn, weil Verkehrssituationen, die an sich gar keine Staugefahr darstellen würden, von Kraftfahrzeugfahrern, die selbst nicht involviert sind, genauestens beobachtet werden. Die Aktivität der Verkehrsteilnehmer beschränkt sich dabei nicht nur auf das reine Beobachten. Besonders das Fotografieren, oder gar das Aufnehmen von Videos und anschließendem Hochladen in soziale Netzwerke, sind verstärkt zu beobachtende Ver-haltensweisen auf deutschen Straßen. Dies ist nicht nur respektlos gegenüber den Opfern, sondern kann auch die Arbeit der Rettungskräfte vor Ort beeinträchtigen. Darüber hinaus entstehen nicht selten weitere Staus, die bei Unaufmerksamkeit anderer Verkehrsteilneh-mer oder einer gefährlichen Lage eines Stauendes, beispielsweise zu Auffahrunfällen führen können.

Die Gefahr in solch einer Verkehrssituation nimmt hier offensichtlich für alle Fahrer zu. Um Fotoaufnahmen machen zu können, bremsen viele sogenannte „Gaffer" besonders abrupt. Laut des Automobilclubs ADAC hat das Phänomen „Gaffen" in den letzten Jahren stetig zu-genommen. Das Problem dabei sei die Ahndung: In der Praxis hätten die Einsatzkräfte der Polizei nach Unfällen Wichtigeres zu tun, als die Personalien der Gaffer aufzunehmen und diese zu bestrafen. In Zukunft soll das Gaffen aber laut ADAC noch härter und konsequenter geahndet werden.[30]

Neben der Behinderung der Einsatzkräfte, ist das Fotografieren oder Filmen von verunglück-ten Autos und Verletzten zu unterlassen. Dieses Vergehen stellt eine Straftat dar und kann mit einer Freiheitsstrafe von bis zu zwei Jahren oder einer Geldstrafe sanktioniert werden.

---

[30] Vgl. Focus (2015).

Dabei ist es unerheblich, ob die Fotos weitergegeben oder veröffentlicht werden. Es zählt allein die Anfertigung einer solchen Aufnahme, die laut § 201a des StGB „die Hilflosigkeit einer anderen Person zur Schau stellt". Den Polizeibeamten ist in einem solchen Fall sogar das Recht vorbehalten, unmittelbar die Smartphones der Gaffer an sich zu nehmen.

Auch wenn das Aufnehmen vom Unfallgeschehen in Form von Fotos ausbleiben sollte, liegt beim Gaffen eine Ordnungswidrigkeit vor, bei welcher die Polizeibeamten die Schaulustigen mit einem Bußgeld von bis zu 1000 Euro bestrafen können. Punkte oder ein Fahrverbot gibt es hier jedoch nicht. In der folgenden Tabelle werden die Vergehen mit der jeweils dazugehörigen Strafe aufgelistet.

Tabelle 6: Bußgeldtabelle „Gaffer"[31]

Vergehen	Strafe
"Gaffen" als Ordnungswidrigkeit	Bußgeld von 20 bis 1000 Euro
Behinderung der Rettungskräfte durch Befahren des Seitenstreifens auf der Autobahn	Bußgeld von 20 Euro
Behinderung der Rettungskräfte durch Parken auf dem Seitenstreifen der Autobahn	Bußgeld von 25 Euro
Unterlassene Hilfeleistung	Straftat! Freiheitsstrafe von bis zu einem Jahr oder Geldstrafe
Fotos oder Filme von einem Unfall machen	Straftat! Freiheitsstrafe von bis zu zwei Jahren oder Geldstrafe

3.5 Rechtslage am Beispiel Deutschland

Die Rechtslage zu der Thematik „Smartphone Nutzung am Steuer" ist, aufgrund der Defizite in der Rechtsdurchsetzung, in Deutschland besonders schwammig und damit schwierig zu fassen. Aus diesem Grund sind die Gesetze gerade in den letzten Jahren immer wieder überarbeitet worden. Die Benutzung eines Mobil- oder Autotelefons im Straßenverkehr ist nicht nur für den Fahrzeugführer selbst, sondern auch für andere Verkehrsteilnehmer gefährlich. Aus diesem Grunde ist die Benutzung eines solchen elektronischen Gerätes im Straßenverkehr unter bestimmten Bedingungen verboten und wird bei Zuwiderhandlung mit einem Bußgeld belegt. Zusätzlich wird ein Punkt im Register eingetragen. Der Begriff der Benutzung

---

[31] Vgl. Bußgeldkatalog.

wird von der Rechtsprechung weit ausgelegt. Unter Benutzung ist nicht nur das Telefonieren zu verstehen. Das Verbot des § 23 Abs. 1a StVO „Wer ein Fahrzeug führt, darf ein Mobil- oder Autotelefon nicht benutzen, wenn hierfür das Mobiltelefon oder der Hörer des Autotelefons aufgenommen oder gehalten werden muss. Dies gilt nicht, wenn das Fahrzeug steht und bei Kraftfahrzeugen der Motor ausgeschaltet ist" gilt vielmehr für alle Funktionen des Mobiltelefons. Die Frage der Benutzung beurteilt sich danach, ob das Mobiltelefon in der Hand gehalten wird oder nicht. Unter Benutzung im Sinne des § 23 Abs. 1a StVO ist somit jegliche Nutzung eines Mobiltelefons zu verstehen. Die Rechtsprechung hat hier folgende Beispiele herausgearbeitet: die Benutzung als Telefon, Organisator, Internetzugang, Notizbuch, um eine SMS zu versenden, als Diktiergerät, als Navigationsgerät, zum Auslesen von Daten, zum Abfragen von Daten auf einen Organizer, zum Ablehnen eines eingehenden Anrufs sowie das Halten des Mobiltelefons an das Ohr, um Musik zu hören.

Wird das Handy lediglich als „Wärmeakku" verwendet, liegt eine Benutzung im Sinne der Vorschriften nicht vor. Auch das Weglegen des Handys an eine andere Stelle im Auto entlastet den Betroffenen.[32] Sobald der Motor gestartet wird, tritt das Gesetz in Kraft. Dagegen dürfte der Verkehrsteilnehmer bei einer Start-Stopp-Automatik das Mobiltelefon benutzen.

Des Weiteren ist laut § 23 Abs. 1b StVO die Benutzung von sogenannten Blitzer-Apps nicht gestattet. "Wer ein Fahrzeug führt, darf ein technisches Gerät nicht betreiben oder betriebsbereit mitführen, wenn es dafür bestimmt ist, Verkehrsüberwachungsmaßnahmen anzuzeigen oder zu stören. Das gilt insbesondere für Geräte zur Störung oder Anzeige von Geschwindigkeitsmessungen (Radarwarn- oder Laserstörgeräte)".

Das nachfolgende Diagramm zeigt die Handyverstöße in den letzten Jahren deutschlandweit. Es ist eindeutig zu erkennen, dass es zu einem Anstieg der Handyverstöße gekommen ist, wobei dies häufig auch gemeinsam mit dem Tatbestand des Geschwindigkeitsverstoßes einhergeht.

---

[32] Vgl. Rechtsanwalt Hanfler (2014).

3. Einfluss des Smartphones auf das Verkehrsgeschehen

Kraftfahrt-Bundesamt – Handyverstöße

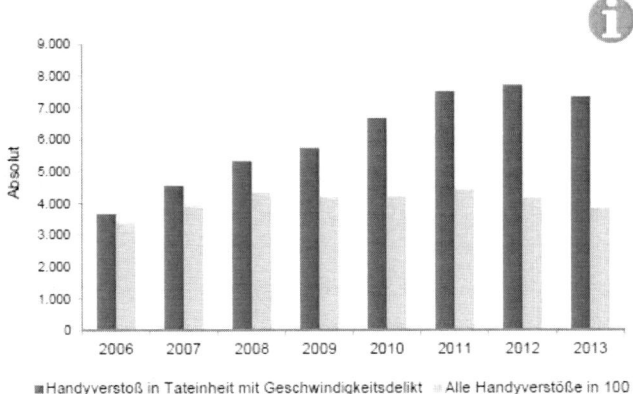

Abbildung 9 - Handyverstöße[33]

Dabei erweist sich eine nachgewiesene Benutzung eines Mobiltelefons gerade in Deutschland zumeist als sehr schwer. Bei der Aufklärung der Unfälle kommt dem Auslesen sowie der Auswertung der Smartphones eine wesentliche Bedeutung zu. Hier ist die Bestimmung des § 110 StPO, die Durchsicht von Papieren und elektronischen Speichermedien, zu beachten. Dieses Vorgehen darf ausschließlich durch die Staatsanwaltschaft oder auf deren Anordnung erfolgen.

---

[33] Verkehrsgerichtstag 2015.

4. Maßnahmen zum Stopp des negativen Trends

Weltweit wird versucht, dem Trend des Smartphones am Steuer entgegenzuwirken. Vorreiter sind hierbei die Vereinigten Staaten von Amerika. Aber auch in Europa wird zunehmend dagegen vorgegangen. In den folgenden Kapiteln werden dem Leser Ideen für Maßnahmen aufgezeigt, die teilweise schon umgesetzt wurden. Diese werden, wie die folgende Übersicht zeigt, in verschiedene Bereiche gegliedert.

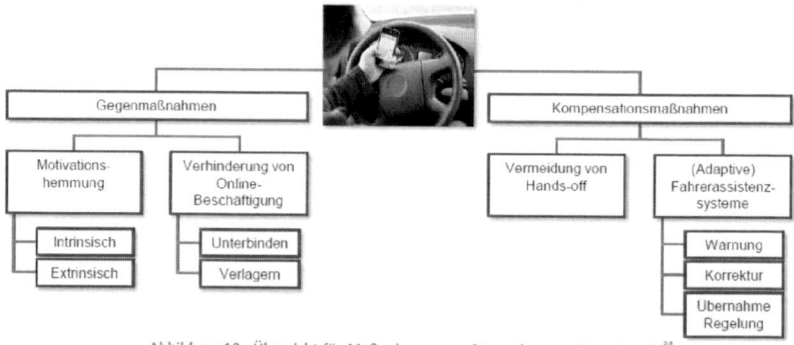

Abbildung 10 - Übersicht für Maßnahmen zum Stopp des negativen Trends[34]

Es wird zusätzlich gefordert, konkrete Rahmenbedingungen für Fahrzeughersteller, Produzenten von Informations-, Kommunikations- und Unterhaltungsmitteln sowie für Dienstanbieter zu schaffen, um die Möglichkeiten der situativen Funktionsunterdrückung zu implementieren. [35]

4.1 Gegenmaßnahmen

Um die Nutzung eines Smartphones hinter dem Steuer eines Fahrzeuges zu verhindern oder zumindest drastisch zu verringern, kann einerseits an der Nutzungsmotivation eines Fahrers, andererseits an der technischen Ausstattung eines Automobils angesetzt werden.

---

[34] Vgl. Hermann Winner und Christian Vey.

[35] Vgl. Hermann Winner und Christian Vey.

4. Maßnahmen zum Stopp des negativen Trends

4.1.1 Motivationshemmung

Die erste Überlegung, die Motivation für die Nutzung des Smartphones am Steuer grundsätzlich zu beseitigen, scheint eher realitätsfern, wenn nicht sogar unmöglich. Dementsprechend gilt es, entgegenwirkende Motivationen zu finden. Eine Alternative, die weniger Nebenwirkungen hätte und bei dem der Fahrer gar nicht erst den Anreiz zur Online-Beschäftigung bekäme, könnte als konkurrierende Motivation dienen. Dies wäre beispielweise der Fall, wenn die Freude am Fahren derart groß wäre, dass dem Fahrer der Gedanke des Griffs zum Smartphone gar nicht erst käme. Das Motorradfahren kommt diesem Ansatz durchaus näher als das Pkw-Fahren. Dies stellt hier aus Sicherheitsgründen aber keine Alternative dar.

Weiterhin gibt es die Option, das Risikobewusstsein der Mehrheit der Autofahrer so zu prägen, dass die Unfallangst den vermeintlichen „Nutzen" einer Beschäftigung mit dem Smartphone während der gesamten Fahrdauer übersteigt. Damit die entsprechend auf diesen Sachverhalt ausgerichteten Botschaften den Verbraucher auch erreichen, kann auf soziale Netzwerke, Youtube-Videos oder Clips in Kinos sowie im Fernsehen zurückgegriffen werden. Diese Idee wurde bereits weltweit in verschiedenen Varianten und Ausmaßen umgesetzt. Beispiele hierfür sind das aus der Schweiz stammende Schock-Video mit dem Titel „Zaubertrick mit dem Smartphone im Straßenverkehr", in dem ein Zauberer von einem Jungen erzählt, wie gern dieser mit seinem Handy Musik hört, mit seinen Freunden chattet und wie durch Magie einfach verschwindet. Im nächsten Augenblick wird Jonas von einem Auto erfasst.

Populär ist außerdem der amerikanische Dokumentarfilm „From one Second to the Next" von dem deutschen Regisseur Werner Herzog, veröffentlicht in 2013. Der Film entstand auf der Basis der amerikanischen Kampagne „Texting and Driving - It can wait". Insbesondere sollten damit Kinder in mehr als 40.000 US-Schulen angesprochen werden. Mittlerweile findet man die in vier Episoden unterteilte Dokumentation für jedermann frei zugänglich auf der Online-Plattform Youtube, um eine möglichst breite Masse zu erreichen. Beleuchtet werden verschiedene Schicksale von Opfern und deren Familien, welche in Verkehrsunfälle durch SMS-schreibende Fahrer verwickelt waren. In Hongkong wurde durch den Automobilhersteller Volkswagen, mithilfe eines Spots im Kino, auf das Thema aufmerksam gemacht. Weiterhin gibt es zahlreiche Videos auf der Online-Plattform Youtube.

4. Maßnahmen zum Stopp des negativen Trends

Organisationen („Abgelenkt" - aus Deutschland, „Textinganddrivingsafety" - aus den USA), Kampagnen und Präventionsarbeit in (Fahr-)Schulen dienen ebenfalls der Bewusstseinsschärfung und dem Aufzeigen vom hohen Unfallpotential durch eine Smartphone Nutzung am Steuer. Auch in Österreich wurde infolge einer Pressekonferenz von Experten des österreichischen Versicherungsverbandes VVO und des KFV (Kuratorium für Verkehrssicherheit) eine interaktive Online-Plattform entwickelt, um der zukünftig größten Herausforderung der Verkehrssicherheitsarbeit zeitgemäß zu begegnen. Unter diesem Link sollen Interessierte zu verschiedenen Gefahren Informationen erhalten und sensibilisiert werden. Folgen und Risiken der Ablenkung im Straßenverkehr können hier virtuell anhand von Filmen erlebt werden.

Anfang November 2015 wurde auch in Baden-Württemberg eine Kampagne „Finger vom Handy" durch den Verkehrsminister und mehrere Vereine (u.a. VFB Stuttgart) ins Leben gerufen. Wie die nachfolgende Grafik zeigt, gibt es in den USA bereits Warnschilder, welche am Straßenrand auf das Verbot es Textens am Steuer hinweisen.

Abbildung 11 - Warnschilder in den USA[36]

Wie in fast allen Lebensbereichen, in denen die Einsicht allein nicht ausreicht, werden Strafen, die zu Verwarnungs- und Bußgeld, zu Fahrverbot und in schweren Fällen zu Gefängnis führen, eingesetzt. Hierbei müssen die Strafe und die damit verbundene Entdeckungsrate hoch genug sein. Die Polizei setzt dabei verstärkt auf Videobeweise.

---

[36] Vgl. Safety.TRW.

Folgende Abbildung zeigt die Sanktionen in Europa für die Handynutzung am Steuer.

Abbildung 12 - Strafen in Europa für Handynutzung am Steuer [37]

In der Schweiz wird dem Fahrer zusätzlich zu einem auferlegten Bußgeld von 95 Euro auch der Führerschein entzogen. In Deutschland kommt noch ein Punkt im Punkteregister in Flensburg dazu.

4.1.2 Verhinderung der Nutzung des Smartphones

Zukunftsorientiert ist man am überlegen, sogenannte Störsender in die Automobile zu integrieren, die während der Fahrt zu einer Sperre des Smartphones führen und damit das Nutzen diverser Funktionen verhindern sollen.

Ein weiterer möglicher Schritt wäre, über im Fahrzeug integrierte Technik, festzustellen, ob das Automobil gerade in Bewegung ist und mit welcher Geschwindigkeit es fährt. Die Mög-

---

[37] Vgl. Bitkom 2015.

lichkeit des Sendens von Nachrichten könnte beispielsweise nur dann zugelassen werden, wenn eine bestimmte Geschwindigkeit unterschritten wird.

Da bei dieser technischen Variante auch für den Mitfahrer die legitime Nutzungsmöglichkeit genommen würde, reicht dies allein nicht aus. Integriert im Fahrzeug, könnte aber eine Sitzbelegungserkennung hier ausschließen, dass es sich um den Beifahrer handeln kann.[38] Inwieweit diese Idee konkret umgesetzt werden kann und soll, ist aber noch unklar.

4.2 Kompensationsmaßnahmen

Verschiedene Experten haben sich bereits in der Vergangenheit damit beschäftigt, ob nicht mit technischen Maßnahmen die durch Ablenkung verringerte Sicherheit kompensiert werden kann.

4.2.1 Vermeidung der Fehler bei der Handlungsführung

Der Vorteil bei einer Freisprecheinrichtung ist zum einen eine bessere Akustik, die eine bessere Verständigung ermöglicht und somit die Konzentration weniger beeinträchtigt, zum anderen ein höherer Komfort, der dazu beiträgt, dass beide Hände während eines Telefongesprächs am Steuer bleiben können.

Mehrere Experten sind der Meinung, dass die Sicherheit beeinträchtigt sein muss, wenn nicht beide Hände am Steuer gehalten werden. Ob sich dies tatsächlich so verhält, konnte aber bislang nicht bewiesen werden, da in Studien zwischen dem Telefonieren mit der Hand oder dem mit der Freisprecheinrichtung kein Unterschied festgestellt wurde.[39]

4.2.2 (Adaptive-) Fahrassistenz – Warnsysteme

Sind keine Blockaden von zur Handlungsausführung benötigten Körperteilen zu befürchten, verbleiben die mentalen Blockaden als potentielle Unfallsursache.

Einer der erfolgsversprechenden Assistenzansätze ist die sogenannte Frontkollisionswarnung, die den Fahrer durch visuelle und akustische Signale alarmiert, wenn eine Kollision mit einem vorausfahrenden Fahrzeug droht. Sobald der eingestellte Mindestabstand unterschritten wird, wird der Frontkollisionswarner aktiviert.

---

[38] Vgl. Hermann Winner und Christian Vey.

[39] Vgl. Hermann Winner und Christian Vey.

Außerdem gibt es noch den sogenannten „Fahrstreifenverlassenswarner", welcher eine Warnung ausgibt, sobald das Fahrzeug sich aus dem Fahrstreifen bewegt. Dieses System wird erst ab einer Fahrgeschwindigkeit von etwa 60 km/h aktiviert, sodass es, bei einer Einhaltung der gesetzlichen Geschwindigkeit in der Stadt nicht reagiert.[40]

4.2.3 (Adaptive-) Fahrassistenz - Korrigierende Systeme

Einen weiteren Schritt stellt der Eingriff in Form einer „korrigierenden Fahrassistenz" in die Fahrdynamik dar, wenn ein potentiell kritischer Zustand erreicht wird. Hierbei sprechen wir zum einen von der „Lenkmomentüberlagerung", die bei der Annäherung oder dem Überschreiten der Fahrstreifenmarkierung auf der rechten Seite, mit einem Lenkmoment reagiert. Für den Fahrer bleibt jedoch die Möglichkeit bestehen, die Gegenlenkkraft jederzeit zu übersteuern. Folglich kann dieser den automatischen Eingriff ignorieren oder die Korrektur annehmen. Zum anderen geht es um eine „Bremsmomenterzeugung". Hier würde, wenn das Fahrzeug die linke Fahrstreifenmarkierung überschreitet, das Fahrzeug ebenfalls in den Fahrstreifen, allerdings mit einem Bremseingriff, zurückgezogen. Dies würde aber erst dann eintreten, wenn eine durchgezogene Linie überschritten wird oder eine Gegenkollision bei der Überschreitung einer unterbrochenen Markierung droht. Eine dringliche Bremsaufforderung an den Fahrer, soll, bezüglich der Längsdynamik eines Fahrzeuges, dafür sorgen, dass der Fahrweg korrigiert und die Reaktionsreserve verlängert wird.[41]

4.2.4 (Adaptive-) Fahrassistenz - Permanent regelnde Systeme

Während die beiden oben genannten Assistenzklassen eher eine einhüllende Funktion für das manuelle Fahren darstellen, ist der Fahrer bei einer ständig aktivierten Längs- und Querdynamikautomatisierung nicht mehr als „Regler", sondern als Überwacher, Analyst und Korrektor zu betrachten. Somit ändert sich der Aufmerksamkeitsbedarf an den Fahrer. Anstelle einer mehrmals pro Sekunde ermittelten Vorgabe für die Längs- und Querführung und einer anschließenden Weiterleitung an die entsprechenden Stellteile, ist die Plausibilisierung, ob die aktuelle Regelung die Anforderungen erfüllt, ausreichend. Nach dem Aufbau eines sol-

[40] Vgl. Hermann Winner und Christian Vey.

[41] Vgl. Hermann Winner und Christian Vey.

chen stabilen, mentalen Modells zur Regelung und einer guten Ankopplung der regulieren-
den Aktionen an den Fahrer, lässt sich für einen längeren Zeitraum bestimmen, welches Sys-
temverhalten zu erwarten ist. Für die Längsregelung ist die Fahrer-Sensierung des Beschleu-
nigungsverhaltens von Bedeutung, für die Querregelung die des Lenkradmoments. Beide
Signale sind einerseits unmittelbar mit dem jeweiligen Ausgang des Reglersystems verbun-
den, andererseits erfolgt erst über eine zweifache Integration die Zustandsveränderung für
den Platzbedarf. So kündigen sich Änderungen über die genannten Größen frühzeitig an;
unabhängig davon, welche Ursache dafür vorliegt. Ein weiterer Vorteil besteht darin, dass
die haptische oder kinästhetische Ankopplung an die Automatisierung auch parallel zu anderen Sinneskanälen läuft. Heutige FullSpeedRange-ACC-Systeme sind in der Lage, eine Online-
Beschäftigung unterstützende Funktionsweise recht gut zu erfüllen, während eine mögliche,
auftretende Nichtverfügbarkeit der Spurhaltungsassistenz, aufgrund fehlender eindeutiger
Fahrstreifeninformationen oder dem Verlassen des Betriebsbereiches, eine große Schwach-
stelle darstellt. Folgt ein Kraftfahrzeug einem vorausfahrenden Fahrzeug, auch in Querrich-
tung, erhöht sich die Verfügbarkeit einer plausiblen Regelung. Problematisch wird es aber,
wenn dadurch Fahrstreifenwechsel ausgelöst werden, die immanent mit größeren Anforderungen für die Fahrzeugführung aufwarten und heute von technischen Systemen nicht sicher
genug beherrscht werden.[42]

4.2.5 Simple to Drive - Technische Lösungen

Ein integriertes Head-up-Display (HUD, wörtlich „Kopf-oben-Anzeige") in der Frontschutzscheibe eines Fahrzeuges, vermindert die Ablenkung des Fahrers und kann so zu mehr Sicherheit während der Fahrt beitragen. Es handelt sich um ein Anzeigesystem, welches alle
relevanten Informationen, beispielsweise die zurzeit erlaubte Geschwindigkeit, direkt in das
Sichtfeld des Fahrers projiziert und dieser infolgedessen seine Kopfhaltung sowie Blickrich-
tung beibehalten kann. Man erhält den Eindruck, die Anzeige befände sich in zwei bis drei

---

[42] Vgl. Technische Universität Darmstadt Fahrzeugtechnik (2015).

Meter Entfernung vor der Motorhaube. Der Blick müsste dementsprechend nicht von der Straße abgewandt werden. Zusätzlich wird diese, den Fahrer unterstützende Funktion, teilweise durch Vereinfachungen, wie die Erkennung von aufgezeichneten Buchstaben über ein Touchpad oder eine Spracheingabe, vervollständigt.

Das HUD stellt eine Schlüsseltechnologie dar, wenn es um die zukünftige Entwicklung einer Mensch-Maschine-Schnittstelle geht, die einen wortlosen Dialog zwischen Beiden herstellen soll. Das Fahrzeug würde automatisch die Bedürfnisse des Fahrers in einer bestimmten Fahrsituation erkennen (Müdigkeit durch abruptes Bremsen o.ä.) und so zielgerecht reagieren und informieren können. Ein solch intuitiver Dialog zwischen Fahrer und Fahrzeug ist ein weiterer entscheidender Schritt auf dem Weg zu mehr Fahrsicherheit und des automatisierten Fahrens.

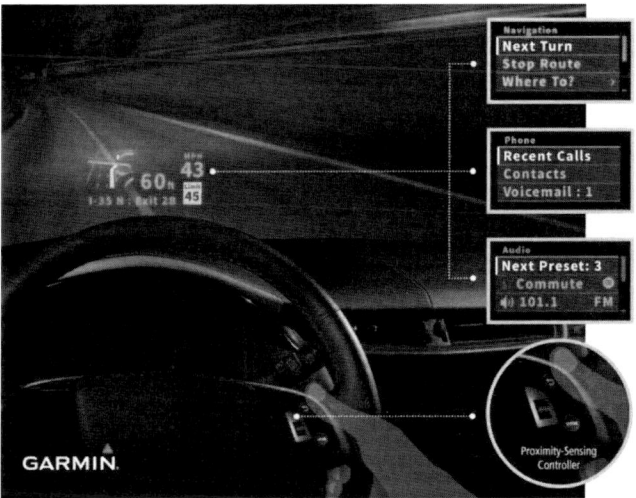

Abbildung 13 – Full-Size-HUD[43]

---

[43] Vgl. Businesswire (2014).

4.2.6 Aufmerksamkeits-Steuerung

Australische Forscher testen seit einiger Zeit verschiedene Sensoren, die die Aufmerksamkeit eines Autofahrers messen sollen. Das Auto reagiert, indem es abbremst oder langsam die Geschwindigkeit drosselt, sobald der Fahrer nicht mehr über diejenige Aufmerksamkeit verfügt, die er ursprünglich hatte oder, in Bezug auf ein sicheres Fahren, haben sollte. Mithilfe von 14 Sensoren erfolgt eine permanente Messung der Gehirnaktivität des Fahrers. Diese sollen unterscheiden können, ob der Fahrer konzentriert oder zerstreut ist, und sogar deuten können, wenn er droht, müde zu werden. Über Lichter wird anschließend angezeigt, inwieweit der Fahrer abgelenkt ist. Als Serieneinsatz im Verkehr ist diese Technik nach heutigem Stand allerdings nicht geeignet, da sie noch ausbaufähig ist.

Abbildung 14 - Aufmerksamkeitssteuerung[44]

4.2.7 Car-to-Car und Car-to-X Communication

Weitere Ideen für eine potentielle Kompensationsmaßnahme sind die Car-to-Car und Car-to-X Communication, welche aber noch in den Anfängen der Entwicklung stecken und es noch einige Jahre bis zur Umsetzung dauern kann.

---

[44] Vgl. FAZ (2013).

Die Car-to-Car Communication (engl. Vehicle-to-Vehicle = V2V) beschreibt eine Kommunikation von Fahrzeugen untereinander. Dagegen steht die Car-to-X Communication (engl. Vehicle-to-Infrastructure = V2I) für die Kommunikation und den Datenaustausch eines Fahrzeuges mit der Infrastruktur. Hierfür eignen sich vor allem Self-Organizing Traffic Information Systems (SOTIS), bei denen die Fahrzeug- und Infrastruktureinheiten über mobile Ad-Hoc-Netze („VANET") kommunizieren, die sich selbstständig zwischen mehreren Fahrzeugen zu einem Netzwerk verbinden. Durch den Datenaustausch kann die beschränkte Wahrnehmung des Menschen aufgrund seiner Tätigkeit am Steuer und seinem Reaktionsvermögen erweitert werden.

Gefahrenstellen müssen nicht mehr nur mit dem Auge erkannt werden. Vorzeitige Warnungen von Vorausfahrenden oder Unfallbeteiligten sorgen für eine erhöhte Aufmerksamkeit und Anpassung der Geschwindigkeit der nachfolgenden Verkehrsteilnehmer. [45]

4.2.8 Autonomes Fahren

Autonomes Fahren ist eine zusätzliche perspektivische Variante, um die Nutzung des Smartphones am Steuer zu kompensieren. Der Blick ist hier auf ein Fahrzeug gerichtet, welches in der Lage sein soll, ohne den Einfluss eines Menschen, zu fahren, zu steuern und einzuparken.

Mehrere Automobilhersteller, wie Audi, Daimler und Tesla, sind schon seit einiger Zeit dabei, autonome Fahrzeuge zu entwickeln. Auch Google forscht seit etwa 10 Jahren mit dem „Self-Driving Car"-Projekt an dieser komplexen, technischen Materie. Mittlerweile wird das Google Auto schon in einigen Bundesstaaten der USA getestet; mit der Einschränkung, dass ein Fahrer jederzeit eingreifen kann. Sensoren tasten während der Fahrt die Umgebung ab und erstellen ein 360-Grad-3D-Modell. Das ausgewertete Modell wird mit diversen Aufnahmen der Umgebung und dem vorhandenen Kartenmaterial zusammengeführt. Zusätzlich werden mithilfe von Lasern die Entfernungen gemessen. Anhand dieser Daten wird das Auto gesteuert. [46] Vergleichen ließe sich eine solche, bislang noch kaum vorstellbare, zukünftige Auto-

---

[45] Vgl. TU Dresden (2007).

[46] Vgl. Zukunft-Mobilität (2013).

fahrt mit einem autonomen Automobil mit einer Zugfahrt – bloß privatisiert. Der Fahrer würde die gesamte Fahraufgabe und Verantwortung der Technik seines Automobils überlassen und hätte, während er von einem Ort zu dem eingegebenen Zielort gefahren würde, die Zeit, sich mit verschiedensten technischen Geräten, wie beispielsweise dem Smartphone, auseinanderzusetzen. Aber auch das Lesen eines Buches, die Kommunikation mit anderen Menschen oder das Arbeiten seien dann möglich. Folglich würde der Mensch dann nicht mehr gezwungen, sich mit seiner Umgebung und dem Fahrgeschehen auseinanderzusetzen, sondern könnte seine gesamte Aufmerksamkeit diversen Beschäftigungsmöglichkeiten im Inneren des Fahrzeuges zuwenden.

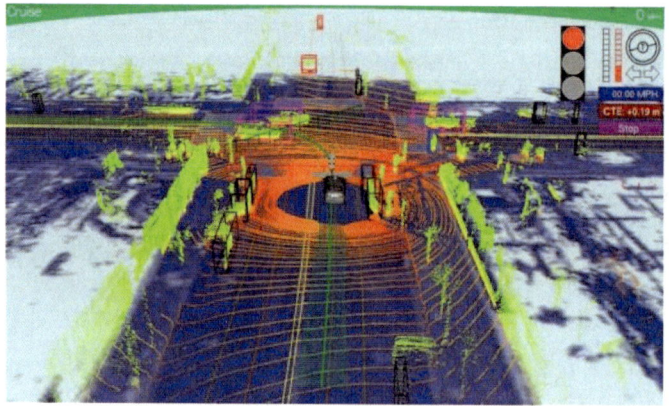

Abbildung 15 - Autonomes Fahren[47]

4.2.9 Eye-Tracking

Weiterhin wurde auf der diesjährigen International Consumer Electronics Show (CES) von dem amerikanischen Konzern Delphi das sogenannte „Eye-Tracking" vorgestellt. Es handelt sich dabei um ein Bedienkonzept, welches sich lediglich durch Blicke steuern lässt.

---

[47] Vgl. Zukunft-Mobilität (2013).

Abbildung 16 - Eye-Tracking[48]

Per Eye-Tracking registriert eine Kamera exakt, in welche Richtung der Fahrer sieht. Laut Delphi reiche ein Blick auf den noch dunklen Bildschirm in der Mittelkonsole bei Fahrtantritt aus, damit das Fahrzeug automatisch nach einer Inbetriebnahme des Navigationssystems frage. Durch eine einfache Kopfbewegung könne die Navigation anschließend bestätigt und gestartet werden. Darüber hinaus könne auch der Zustand des Fahrers mithilfe der Kamera bestimmt werden. Nimmt die Aufmerksamkeit des Fahrers ab oder wird dieser anderweitig abgelenkt, beispielsweise durch das Smartphone, würden die Aktivitäten der Infotainmentsysteme intelligent reduziert oder Warntöne ausgegeben werden. Parallel könne auch die Müdigkeit des Fahrers kontrolliert werden.

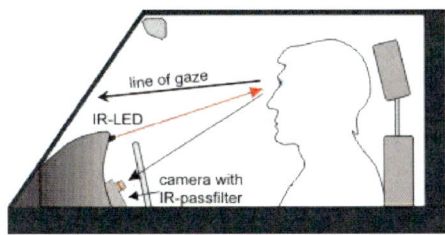

Abbildung 17 - Funktion Eye-Tracking[49]

---

[48] Vgl. UNI Dortmund (2015).

[49] Vgl. Car-IT (2015).

Die Kamera erkenne zusätzlich eine Reihe von Gesten im freien Raum. So dienen Wischgesten dem Blättern durch die Menüführung und Fingerbewegungen, um die Lautstärke zu verändern. Knöpfe und Schalter würden so sinnvoll ersetzt werden.[50]

4.3 Sonstige

4.3.1 Kompetenzen bündeln

Es besteht die Idee eines sogenannten Testbeds für nationale und internationale Unternehmen. Einerseits besteht die Chance darin, gemeinsam mit Forschungspartnern unter realen Bedingungen Tests durchzuführen, um das Wissen über diverse Messungen von Ablenkung im Straßenverkehr weiter zu vertiefen. Andererseits kann dem Unternehmen dadurch die Möglichkeit geboten werden, Produkttests durchzuführen.

Weiterhin will man eine Kompetenzplattform gründen, um die interdisziplinäre Zusammenarbeit von Verkehrssicherheitsexperten, Psychologen sowie der Forschung und Industrie zu fördern und Quereinsteigern einen guten Einblick geben zu können.

4.3.2 Rahmenbedingungen

Die Rahmenbedingungen sollen zukünftig verbessert werden. Das Konsolidieren von bestehenden Kompetenzen und Richtlinien (IVS, Verkehrssicherheit, E-Call, PTI etc.) auf europäischer Ebene sei hier von höchster Bedeutung. Des Weiteren soll eine HMI-Richtlinie für Ausschreibungen, Bestellungen und eine Definition, welche Mindestanforderungen gegeben sein müssen, festgelegt werden. Ein weiteres Ziel stelle die Entwicklung einer einheitlichen HMI-Evaluierungsmethode dar.[51] Dazu gehörten auch die Sicherheitsstandards.

---

[50] Vgl. Car-IT (2015).

[51] Vgl. Bundesministerium für Verkehr, Innovation und Technologie (2015).

5. Fazit

Während der Studienarbeit wurde schnell deutlich, dass diese Thematik einen äußerst aktuellen und immer wichtiger werdenden Stellenwert in der heutigen Gesellschaft besitzt. Die Informationslage ist dagegen, besonders im Hinblick auf das Ausland, eher rar. Bei den verwendeten Quellen handelt es sich um Präsentationen von Fachleuten und Unternehmen sowie Berichte, Statistiken und Forschungsergebnisse aus dem Internet. Außerdem konnten auch wissenschaftliche Arbeiten kontaktierter Personen, die sich ebenfalls mit dieser Thematik beschäftigten, integriert werden.

Mit der Nutzung eines Smartphones, zusammenhängend mit der zeitgleichen Aufgabe der Steuerung eines Kraftfahrzeuges, geht offensichtlich eine unmittelbare Gefahr der Ablenkung einher. Auch wenn Applikationen auf den ersten Blick zur Erleichterung der Fahrsituation beitragen und einen positiven Effekt, hinsichtlich Navigationsmöglichkeiten oder Staumeldern, haben können, kann die Verwendung des Smartphones zu gefährlichen Verkehrssituationen und nicht selten zu Unfallgeschehen führen, die oftmals mit Verletzten oder gar Toten enden. Wenn ein Fahrer, durch Selbstüberschätzung seiner Fahrkompetenz oder vermeintliche Multitasking Fähigkeit, während der Fahrt das Smartphone aufnimmt und sich für mehrere Sekunden mit Sekundäraufgaben beschäftigt, schränkt sich grundsätzlich die mentale sowie visuelle Konzentration auf die Fahraufgabe ein. Das Gehirn verfügt nachweislich nur über eine begrenzte Verarbeitungskapazität und erfährt zu diesem Zeitpunkt ein Gefühl der Überforderung. Besonders gefährlich sind das Lesen und Schreiben komplexer Texte und die daraus resultierende lange Blickabwendungsdauer von der Fahrbahn. Das nicht selten festzustellende Zusammenwirken einer erhöhten Ablenkung während der Informationsaufnahme und einer zusätzlichen Fehleinschätzung von Distanzen und Geschwindigkeiten anderer Fahrzeuge, ist die Hauptursache von Unfällen, die infolge einer Beschäftigung mit dem Mobiltelefon am Steuer entstehen. Wie mit Unfallwirkketten plausibel argumentiert werden kann, können solche sekundären Aktivitäten mithilfe einer Spracherkennung oder einer Vorlesefunktion teilweise kompensiert werden. So stellt die Telefonie über eine Freisprecheinrichtung eine geringere Gefahr dar, da sich die Hände und der Blick primär weiterhin mit der Fahraufgabe befassen. Da bei der Nutzung eines Bordcomputers und dessen Eingabefunkti-

onen eine vergleichsweise geringe Ablenkung auftritt, erweist sich auch eine technische Anzeige, wie das Head-up Display in der Frontschutzscheibe, als besonders effektiv. Die Fahr-
zeugindustrie sollte sich daher auch zukünftig um eine benutzerfreundliche Gestaltung der
Mensch-Maschine-Schnittstelle bemühen. Erfolgreich optimierte Schnittstellen können dann
auch für die Einbindung von mobilen Endgeräten in die Fahrzeugoberfläche verwendet werden. Darüber hinaus reduzieren Fahrerassistenzsysteme die von der Smartphone-Ablenkung
ausgehende Gefährdung; insbesondere, wenn die entwickelten und eingesetzten Systeme,
spezifisch auf die Ablenkung hin, adaptiert werden. Warnsysteme sollen hier einerseits un-
terstützend wirken, während andere technische Lösungen, wie ein
Fahrstreifenverlassenswarner, als kontrollierende Maßnahmen der ausgeführten Aktionen
eines Fahrers geeignet sind. Weiterhin können die Einstellungen für solche nutzenbringen-
den Systeme vom Alter abhängig gemacht werden, um dem Fahrer selbst die Möglichkeit zu
geben, eine für ihn sinnvolle Warnstufe zu wählen.

Obwohl sich die Mehrheit der Verkehrsteilnehmer über des Verbots und der damit einher-
gehenden Sanktionierungen der Benutzung technischer Geräte während der Fahrt bewusst
ist, kommt es sowohl in Europa, als auch in den USA, vermehrt zu Verstößen und einer
Smartphone Nutzung im Straßenverkehr. Daher ist die Weiterentwicklung der bestehenden
Gesetzeslage eine unabdingbare Maßnahme, um die Glaubhaftigkeit und Akzeptanz des
Handyverbots zu steigern und in der Praxis auf eine sich besser eignende Verbotsnorm, als
Grundlage der Urteile und Strafen, zurückzugreifen zu können. Weitere Aufklärungsversuche,
mittels von Kampagnen oder Videos genügen an dieser Stelle nicht mehr. Auch wäre eine
Erhöhung des Bußgeldes keine problemorientierte Lösung, da die Aufdeckungsquote weiterhin zu gering bliebe. Der gleiche Ansatz würde sich auch bei der Ahndung von Schaulustigen
anbieten, da man sich hier ebenfalls um eine höhere Aufdeckungsquote bemüht. Das Ziel ist
die Unterbindung eines gierigen Aufnehmens von Unfällen mit dem Smartphone per Foto-
oder Videofunktion, wodurch es zu einer nicht unerheblichen Staubildung und teilweise
auch weiteren Unfällen aufgrund eines Auffahrens anderer Fahrzeuge auf stark abbremsen-
de Schaulustige kommen kann. Viel bedeutsamer, als eine Erhöhung sämtlicher Strafen und
Bußgelder, sind zur Prävention, aus Sicht der Sicherheitsforschung, eine Stärkung der Über-
wachung und verbesserte technische Lösungen, um für eine zukünftige, keinesfalls zu ver-

5. Fazit

nachlässigende Sicherheit - auf zunehmend stark befahrenen Straßen und in Folge eines stetigen technischen Fortschritts - Sorge zu tragen; sowohl in Europa, als auch weltweit.

6. Literaturverzeichnis

Abgelenkt? ... bleib auf Kurs!

Deutscher Verkehrssicherheitsrat e.V. , Bonn

UK/ BG/ DVR-Schwerpunktaktion

http://www.abgelenkt.info/infos.htm

Einsichtnahme: 23.11.2015

ACE Auto Club Europa

https://www.ace-online.de/der-club/news/tippen-bis-zum-tod.html

ACE zählt bis zu 90 Handy-Verstöße pro Stunde, Tippen bis zum Tod (16.11.2015)

Einsichtnahme: 23.11.2015

Advanced Industries, Mobility of the future

Opportunities for automotive OEMs, McKinsey & Company (www.mckinsey.com),

Dr. Andreas Cornet, Dr. Detlev Mohr, Dr. Florian Weig, Dr.-Ing. Benno Zerlin, Dr.-Ing. Arnt-Philipp Hein, February 2012

UNI Dortmund, Dipl. Ing. M. Yasser Al Nahlaoui (2015)

http://berta.e-technik.uni-dortmund.de/forschung/projekte/na_eyetracking_e.html

Einsichtnahme: 13.12.2015

bfu – Beratungsstelle für Unfallverhütung Schweiz

SINUS-Report 2015 – Sicherheitsniveau und Unfallgeschehen im Straßenverkehr 2014

Bern, 2015

Bitkom (23.06.2015)

https://www.bitkom.org/Presse/Presseinformation/Handy-am-Steuer-ist-im-Urlaub-oft-besonders-teuer.html

Einsichtnahme: 05.11.2015

6. Literaturverzeichnis

Bundesanstalt für Straßenwesen:

http://www.bast.de/DE/Projekte/laufende/fp-laufend-f1.html

Einsichtnahme: 28.10.2015

Bundesministerium für Inneres – BMI (2015):

430 Verkehrstote im abgelaufenen Jahr

http://www.bmi.gv.at/cms/BMI_Verkehr/statistik/Jahr_2014.aspx

Einsichnahme: 23.11.2015

Bundesministerium für Verkehr, Innovation und Technologie , Pressegespräch mit Ver-kehrsminister Alois Stöger: Neue Initiative gegen Ablenkung am Steuer, S. 4-5 , 08.05.2015

Businesswire (2014)

http://www.businesswire.com/news/home/20140107005800/en/Garmin%C2%AE-Showcases-Infotainment-Technology-Automakers-Designed-Minimize

Einsichtnahme: 10.11.2015

Bußgeldkatalog

https://www.bussgeldkatalog.org/gaffer/

Einsichtnahme: 24.10.2015

Car-IT (08.01.2015)

http://www.car-it.com/ces-2015-delphi-zieht-die-blicke-auf-sich/id-0041857

Einsichtnahme: 13.12.2015

Daimler.com, Car-to-X-Commuication

http://www.daimler.com/dccom/0-5-1613460-49-1456863-1-0-0-1457041-0-0-135-0-0-0-0-0-0-0-0.html

Einsichtnahme: 22.11.2015

6. Literaturverzeichnis

DESTATIS Statistisches Bundesamt, Wiesbaden 2015

https://www.destatis.de/DE/Publikationen/Thematisch/TransportVerkehr/Verkehrsunfaelle

/VerkehrsunfaelleM.html

Verkehrsunfälle, Fachserie 8 Reihe 7 – 2014

Einsichtnahme: 23.11.2015

Die Welt (2014):

http://www.welt.de/motor/article131407285/Diese-Vorteile-bietet-das-Smartphone-im-

Auto.html

Einsichtnahme: 25.10.2015

Distraction.gov

Official US Government Website for Distracted Driving, Facts and Statistics

http://www.distraction.gov/stats-research-laws/facts-and-statistics.html

Einsichtnahme: 28.11.2015

Dr. Jörg Kubitzki, Mobiltelefon jetzt bitte abschalten! , 53. Deutscher Verkehrsgerichtstag

Goslar, 28-30. Januar 2015

Easy-Web-Solutions (2014):

http://easy-web-solutions.de/wp-content/uploads/2015/04/statistic_id198959_anzahl-der-

smartphone-nutzer-in-deutschland-bis-2014.png?bee9e8

Einsichtnahme: 20.10.2015

Focus (2015)

http://www.focus.de/auto/news/nach-schwerem-unfall-auf-a57-politik-fordert-schaerfere-

bestrafung-von-gaffern_id_4544628.html

Einsichtnahme: 26.10.2015

6. Literaturverzeichnis

Forschungsarbeiten des österreichischen Verkehrssicherheitsfonds

Get Smart - Smartphone Verwendung und Verkehrssicherheit bei jugendlichen FußgängerInnen und RadfahrerInnen, Wien November 2013

Dipl.-Ing. Alexandra Kühnelt-Leddihn, Dr. Robert Bauer, Dipl.-Ing. Markus Schuster, Dr.Eveline Braun, Mag. Martina Hofer

Frankfurter Allgemeine Zeitung (2013):

http://www.faz.net/aktuell/technik-motor/auto-liest-gedanken-aufmerksamkeits-steuerung-im-test-12592385.html

Einsichtnahme: 21.10.2015.

Centers of Disease Control and Prevention

Injury Prevention and Control: Motor Vehicle Safety

http://www.cdc.gov/Motorvehiclesafety/Distracted_Driving/index.html

Einsichtnahme: 28.11.2015

IT-Wissen:

http://www.itwissen.info/definition/lexikon/Smartphone-smart-phone.html

Einsichtnahme: 22.10.2015

NHTSA - National Highway Traffic Safety Administration, U.S. Department of Transportation

Traffic Safety Facts, Distracted Driving 2011

Summary of Statistical Findings, April 2013

Peter Schlanstein. (2015): Deutscher Verkehrsgerichtstag 2015, Unfallursache Smartphone - Unkonzentriert am Steuer

6. Literaturverzeichnis

Rechtsanwalt Hanfler

http://www.rechtsanwalt-hanfler.de/cms/index.php/news-reader/items/nutzung-von-smartphone-co-im-strassenverkehr.html

Einsichtnahme: 25.10.2015

Safety.TRW

http://safety.trw.de/wp-content/uploads/2014/08/Warnschild-No-Texting.jpg

Einsichtnahme: 05.11.2015

Schweizerische Eidgenossenschaft – Bundesamt für Straßen (ASTRA)

„Instruktionen zum Unfallaufnahmeprotokoll (UAP) – Anhang 2: Ursachen und Hauptursache"

http://www.astra.admin.ch/unfalldaten/04403/04409/index.html?lang=de

Einsichtnahme: 18.10.2013

Simulationsstudien zur Ablenkungswirkung fahrfremder Tätigkeiten, Bergisch Gladbach, Bundesanstalt für Straßenwesen, 2015 (Berichte der Bundesanstalt für Straßenwesen, Unterreihe "Mensch und Sicherheit", Heft M 253), Nadja Schömig, Stefanie Schoch, Alexandra Neukum,

http://www.bast.de/DE/Publikationen/Foko/2015-2014/2015-02.html

Einsichtnahme: 20.10.2015

Statistik Austria – Bundesanstalt Statistik Österreich

Straßenverkehrsunfälle, Unfälle mit Personenschaden, Wien, 14. September 2015

http://www.statistik.at/web_de/statistiken/menschen_und_gesellschaft/gesundheit/unfaelle/strassenverkehrsunfaelle/index.html

Einsichtnahme: 28.11.2015

6. Literaturverzeichnis

Statista – Statistiken und Studien aus über 18.000 Quellen

„Deutschland bei Smartphone-Verbreitung nur Mittelmaß", Felix Richter, 27. August 2013

http://de.statista.com/infografik/1401/smartphone-penetration/

Einsichtnahme: 27.11.2015

Technische Universität Darmstadt Fahrzeugtechnik, Hermann Winner und Christian Vey,

"Always Online" Beim Fahren - Mit Assistenz und Automatisierung sicherer?, 2015

Transport Research Laboratory

Published Project Report PPR592, Smartphone use while driving – a simulator study,

D. Basacik, N. Reed and R. Robbins, 2011

VVO Versicherungsverband Österreich

Medieninformation, Mag. Dagmar STRAIF

Unfallursache Ablenkung: Herausforderung der Zukunft!, Wien, 24. Juni 2015

Zukunft Mobilität,

http://www.zukunft-mobilitaet.net/11299/konzepte/wie-funktionieren-autonome-
fahrzeuge/

Wie funktionieren autonome Fahrzeuge; Martin Randelhoff, 30. April 2013

Einsichtnahme: 02.12.2015